女人强大才完美

文娟 编著

吉林文史出版社
JILIN WENSHI CHUBANSHE

图书在版编目（CIP）数据

女人强大才完美 / 文娟编著. -- 长春：吉林文史出版社, 2017.5
ISBN 978-7-5472-4068-7

Ⅰ . ①女… Ⅱ . ①文… Ⅲ . ①女性－修养－通俗读物 Ⅳ . ①B825.5-49

中国版本图书馆CIP数据核字(2017)第091427号

女人强大才完美
NVRENQIANGDACAIWANMEI

出 版 人　孙建军
编著者　文　娟
责任编辑　于　涉　董　芳
责任校对　薛　雨　王莹莹
封面设计　韩立强
出版发行　吉林文史出版社有限责任公司（长春市人民大街4646号）
　　　　　www.jlws.com.cn
印　　刷　北京海德伟业印务有限公司
版　　次　2017年5月第1版　2017年5月第1次印刷
开　　本　640mm×920mm　　16开
字　　数　204千
印　　张　16
书　　号　ISBN 978-7-5472-4068-7
定　　价　49.00元

前言

做人需要智慧，做女人则更需要智慧。每个女人都希望过得幸福，获得成功，但为什么起点看起来没有什么差别的女人，若干年后结果却大不相同？有人感叹人生无常，有人感慨环境弄人，也有人归咎于自己没有好运气。其实这些都不成为理由，之所以会有这种分别，大多还是和说话、办事、赚钱的方式方法有关。掌握了说话、办事、赚钱的技巧，也就掌握了幸福、成功的金钥匙，必将拥有惬意、和谐、快乐和幸福的人生。

很多女人十分注意自己的服饰与化妆，然而却很少注意提高自己的说话水平，这不能不说是一个遗憾。这是一个越来越注重"说"的时代：竞争职位、应聘面试、推销业务……都需要依靠语言。女人的声音本就有种特殊的磁场，如果加上适当的说话技巧，很容易便能吸引他人的目光；况且，一个能够流利表达自己内心所思所想的女人，必定有着清晰的思路和严谨的思维方式。能说，不是伶牙俐齿、问一答十，而是通过语言与人交流，让陌生人变成好朋友，好朋友变成相互支持和理解的知音。这就像在《红楼梦》里，黛玉的话又尖又俏，常常让人无以回答。可除了多情公子贾宝玉，黛玉在偌大的荣国府里，却没有几个真正能关照自己的贴心人。宝钗却不同，在任何场合，她都不会逞口舌之利，但每一次开口都恰到好处。你可以喜欢黛玉，但是为了让自己更好地融入社会，也为了让自己的命运更顺畅一些，就必须向宝钗学习。一个拥有良好口才的女人，懂得怎么说话，说什么话。拥有良好口才的女人更容易拥有美满幸福的生活。

很多女人能力很强，口才很好，却总是碰钉子，没有知心朋友，也不被众人喜欢。而那些左右逢源办事滴水不漏的女人们，往往都能在事业上取得傲人的成就，家庭和美，婚姻幸福，她们本人更是众人羡慕的焦点。同样是女人，为什么差别这么大呢？根本原因是办事的方法是否妥当。所谓的会不会办事，不是说能不能办成一件事，而是在办事的过程中，要把事情办得漂亮，让人心服口服，让周围的人从心里佩服你。而女人的办事方式则又不能失去女性化的特点。不少女性在公共场合往往采取一种大胆主动性的待人处世方式，摆出一副强人的形象，以为这样才能获得更好的机会，给自己争取到更多的权利。事实上，至刚至强者根基不稳，会遭到更多的抵抗与冲撞，也更容易受到损伤。女性的强，是内心而不是表面的姿态。聪明的女性都懂得以柔克刚的道理，她们会用最温柔的手法为自己争取最合理的待遇。聪明的女人总能审时度势，洞悉对方的意图，体察自己的处境，从而进退有节，挥洒自如，在社会竞争中立于不败之地。

财富是我们生活物质的基础，只有经济上稳固了，我们才可以大胆地去定义属于自己的幸福人生。对于女人而言，想活出自己的美丽人生，财富起到一定作用。可以说，女人的财富指数在很大程度上决定了其幸福指数。女人会赚钱，在某种意义上才能够拥有独立的人格；女人会赚钱，才会更有安全感……财富可以说是女人幸福、快乐的保障。古人云："女子无才便是德。"今人要说："女子无财便是过。"没有钱的女人永远都无法成为真正的好命女人。所以作为现代新女性，必须得会赚钱，要有一个计划，多动些脑筋，多花点心思，让自己成为不为财富担扰的人。女性在赚钱方面有着得天独厚的优势，坚忍、细心、直觉和天生的交际能力都是女人赚钱的法宝。运用这些优势在职场、商界中找到适合自己的定位，不断完善自己，在赚钱路上会更加成熟，财富之门便会敞开。

　　本书以女性独特的视角，将女性在工作、生活中说话、办事、赚钱的智慧娓娓道来，并结合生动的故事，让女性在阅读中轻松愉快地学到说话艺术、办事技巧、赚钱方法。会说话、会办事、会赚钱的女人能将亲情、友情、爱情、金钱，全都牢牢握在手中，享受最完整、最美丽的生命状态，做一个幸福的女人！这样的女人，就是未来的你。

目录

• 下篇　会赚钱 •

第一章　"拿下"职场，是你钱包鼓起来的关键

第二章　遍地开花，女人八小时外也赚钱

第三章　智慧投资，理财知识助你做"财女"

上篇
会说话

第一章　口吐莲花，会说话的女人惹人爱

说话时要保持微笑

人在什么时候最有魅力呢？在微笑的时候。一个热爱生活的人，一个积极向上的人，微笑是他显露最多的表情。山德士的打扮是肯德基独一无二的注册商标，人们一看到他的标志，就会自然的想起肯德基。为此，山德士说过："我的微笑就是最好的商标。"

彼得·泰格是一位著名的演说家和交流高手，他曾经说过："就连最懒惰的人，也懂得微笑。因为他知道，微笑比皱眉牵动的肌肉要少得多。"在人际交往中，"微笑是最美丽也最容易的表情。"所以，应该让微笑成为一种习惯，不要让死板严肃的表情成为你成功道路上的障碍。

微笑，蕴含着丰富的含义，传递着动人的情感。怪不得有位哲人曾说："微笑是人类最美的表情。"在人际交往中，我们需要微笑。微笑是一种令人愉快的表情，表达一种热情而积极的处世态度。

对于一个人来说，真正的风度并不仅仅全部表现在穿着打扮、举止言行上，有的人尽管一身名牌，但是他职业的冷漠、僵硬的表情、伪装牵强的笑容却让人反感；有的人尽管一介布衣，但是他流露出源自真实心灵的笑容，你反而觉得他有亲和力和风度。

人类与其他动物的区别之一就是人类之间有复杂的感情，而微笑则是感情表达最直接的方式之一。微笑意味着友好和赞赏，能给双方都带来愉悦。甚至在抱怨批评的时候，你如果也能微笑着，就会使对方感觉到温馨和诚恳。对他人笑脸相迎，他人也必

定给你相应的回报，每天看到的都是笑脸，怎么会没有好心情！

陌生的人如果微笑以对，会使你们更好地融洽起来。人类社会每天进行着许多的社会活动，其中大部分是人与人的接触交流，如果每个人都能使用好微笑，那么人与人之间的交流就会变得更加美好轻松。

小张的对门搬过来一个漂亮的姑娘。每天上楼，小张都会碰到她。小张是个很外向的人，很想跟她打招呼，但又怕自讨没趣——小张觉得美女一般都是高傲的。有一天，正好小张要去买烟，下楼时当面遇见姑娘了，这下不打招呼是说不过去了。小张刚下定决心，但一看她板着脸冷冰冰的模样，又犹豫了。思忖半天，小张终于硬着头皮对她微笑着点了点头。没想到，姑娘马上回应了。后来小张才知道，其实她也很想认识他，只是怕遭到拒绝罢了。再后来，小张和姑娘相处得很不错，彼此很庆幸多了个好邻居。

原来，一个微笑就可以拉近两颗心的距离。

笑容就是你最好的名片。微笑表达的意思就是：我喜欢你，我很高兴见到你，你让我开心。所以，不要吝惜你的笑容，从现在开始，以微笑来招呼你的朋友，以微笑来面对你的人生。如果微笑这种好的方式每个人都运用得很好，能将其作为润滑剂，使整个社会机器磨合运转得很好。

你的笑容能照亮所有看到它的人。笑容使你显得高贵自信、大方热情、值得信赖，让人觉得和你交流是愉快的，你对他是尊重的。

在求别人帮忙时当然一定要微笑，谁也不喜欢绷着老脸的人来求这求那的。这个微笑是在告诉别人你的友情，告诉你对他的信任；向别人道歉时也一定要微笑，这个微笑是要表明你的友好，表明你的真诚。

微笑自然也有许多要领。之所以叫作微笑，就是说明它在量和度上都同大笑、狂笑有很大不同。该微笑时一定不要笑得很大声，嘴自然也不能张得很大。不露齿白，才恰到好处。而且尤为重要的是微笑的度一定要把握得很好，否则善意的微笑就可能变成嘲笑。

如果你花很多钱买了许多珠宝服饰，只是为了使人对你友好，或者使自己更迷人，那还不如微笑有用。因为微笑更能赢得他人的友好，也是最迷人的表情，但它不花你一分钱！从这个方面说，真诚的微笑价值 100 万美元。

所以，从现在开始，马上去做，以微笑来招呼你的朋友，以微笑来面对你的人生。

巧言妙语化解尴尬

与陌生人相处，突发事件时有发生，处理不好就会导致尴尬。这时，运用口才往往能四两拨千斤，收到意想不到的好效果。

一年夏天，我国乒乓球教练员蔡振华和运动员王涛、孔令辉、邓亚萍等国手，风尘仆仆地来到国家体委的定点扶贫县——山西省繁峙县捐资助教。在为大营中学捐款的仪式上，世界冠军邓亚萍坐的破板凳突然被压断，邓亚萍重重地摔在地上，顿时窘得两颊通红。

眼疾口快的姜新文急忙上前扶起邓亚萍，风趣地说："你放心，这次捐的款咱们先买凳子。"一句话把在场的国家体委领导、运动员和地方官员都逗笑了，因为他把国家体委捐资助教这一义举与邓亚萍"坐的破板凳"有机地联系起来，使在场的人都有一种感同身受的体会，难怪连一向不苟言笑的邓亚萍也发出了开心的笑声。

尴尬的场面在生活中会经常碰到，因此，要学会征服尴尬。面对尴尬局面，只要你积极参加社交、不禁锢自己、增加应变能力，对付尴尬局面并不难。

1. 用幽默化解尴尬

在人际交往中，幽默就像湿润的细雨，可以冲淡紧张的气氛，缓解内心的焦虑，缩短彼此间的距离，也是破除尴尬的良方。

古希腊著名哲学家苏格拉底是出了名的"妻管严"，他的太太十分厉害。有一次，苏格拉底的好友到他家做客，刚吃完饭，那位朋友还没走，苏格拉底的妻子就当着那位朋友的面要求苏格拉底帮她倒洗脚水。苏格拉底觉得很扫面子，就执意不肯。于是，他的妻子就非常生气地跟他大吵大闹。为免生事端，苏格拉底就和他的朋友一起离开家门，并下楼出去，当他们刚走出楼门口时，他妻子突然将那盆洗脚水泼到了他的身上。场面十分尴尬，可苏格拉底却笑着说道："我早就知道，打雷过后一定要下雨。"妻子和朋友不由得哈哈大笑起来。

一句幽默，轻松化解了当时的窘境，换来了妻子和朋友爽朗的笑声。

2. 从对方的话里找线索，举一反三

如果对方的话让你陷入尴尬，你不妨从他的话里举一反三，寻找答案。

一次电影节上，刘德华被安排与韩国实力明星安圣基举行了观众见面会。有媒体提问，刘德华现在不光拍电影，还转型幕后做老板，安圣基有没有这个意向。安圣基"滑头"地说自己拍电影很多年，伟大的形象早已树立，不会学刘德华，而是想好好接着拍电影，成为韩国电影界的楷模。

突然，他反问刘德华："我在韩国已经是楷模了，你在中国有怎样的地位呢？"

刘德华有一瞬间的惊讶，不过反应敏捷的他立刻回答说："你确实是楷模了，但咱俩差不多，我是劳模。中国电影人都会像我一样勤奋，做个劳动的模范。"

在众多的媒体和观众面前，安圣基的问话令刘德华陷于尴尬的境地。倘若他也说自己是楷模，只会给媒体留下骄傲自大的印象，但假若说自己只是个"泛泛之辈"，又未免显得过谦，于是他拿自己和安圣基做比较，承认对方是"楷模"，接着话锋一转，说自己是"劳模"，巧妙地化尴尬于无形，寥寥数语就道出了自己事业屹立不倒的秘诀——勤奋，又让观众和媒体被他的睿智所折服。

3. 自我解嘲

自我解嘲是一种口才利器，能转移注意，增添情趣，对于化解尴尬更是有奇效。

一节化学课，因为老师生病，一位年轻的实习老师来临时代课。学生们不大安分守己，有看小说的，有卧在桌子上睡觉的，有悄悄地塞上耳机听音乐的。

年轻的老师见怪不怪，仍然不紧不慢地讲着课。课讲到一半，老师一时兴起，准备板书一个公式，却不料被讲台绊了一下，差点摔倒。结果全班同学一下子找到了爆发点，哄堂大笑。讲台上的老师无可奈何地摇摇头，等大家笑过之后，他自嘲了一句："今天来给咱们班代课，没想到连这讲台也欺生。"学生们又一次大笑，笑过之后，教室里竟然慢慢地安静下来，后面的课堂纪律出奇得好。

其实，这位年轻的实习老师很聪明，他很会打圆场。那句自嘲的话虽然直指欺生的讲台，可是学生们不会不明白话中隐含的批评吧。你瞧，老师一句半开玩笑的话，既解除了尴尬，又巧妙地整顿了课堂纪律。这样做，比发一通火却遭到学生加倍起哄要理智、高明多了，效果也好多了。看来抓住时机，借自我调侃来化解尴尬，往往会起到意想不到的效果。

当然，消除尴尬有时还可以采用转移目标、把话题岔开、装傻不知等方法。这就需要你在日常生活中多加揣摩和实践了。

说服别人并非难事

如果晓之以理、动之以情的说服方法行不通的话，你唯一能依靠的就只有找到对方所需要的并且以此说服他。

在生活中，女性常用晓之以理、动之以情的方法来说服他人。但事实证明，有时情不一定能打动人，理也不一定能说服人。此时，就要想到以对方所需要的来说服他——对方之所以不答应，无非是为了某种利益，只要将其中的利益说开了，对方的心理防线也就很容易松弛了。

柴田和子，日本保险推销员，世界顶尖的女销售员，就是通过站在客户的立场为他们考虑，阐明利害关系，从而达到推销的目的的。

有一个星期六，柴田和子去拜访一位准客户，这位先生是汽车销售公司的部门经理，他觉得买保险是杞人忧天的懦夫所为。

柴田和子对这位经理说："先生，你是从事汽车销售工作的，一定熟悉交通情况吧，那请教你一个问题，你开车上班或兜风，是不是一路都是绿灯？"

"这个不一定，有时难免有红灯。"

"遇到红灯，你会做什么？"

"停下来等待绿灯。"

"对呀，人生有高峰，也有低谷，有时黄灯，有时红灯，因此你也需要稍停脚步，重新认真思考一下自己的人生。你说对吗？"

这位经理频频点头，柴田看着经理，微笑着对他说："人生到处潜伏着难以察觉无法预料的危机，每一个人总是认为自己会一路顺风。可是，为什么我们常常看到道路旁堆着一辆辆撞得七零八碎，面目全非的肇事车辆？人生路上危机四伏，绝不能掉以轻心。"

"但是请你理解，红灯是上天给我们的人生转折点。我现在为的是一点点微薄的佣金，却耗费如此长的时间跟你讲解。你买保险，我赚到佣金，我感谢你，但是将来理赔的保险金额却是支付给你的家人的，是你家人的福分。"

"你投不投保对我没什么关系，但是能否挑选一位有能力的保险营销人员来为你规划晚年生活，可是会影响着你的人生方向，因此，请让我为你规划终身保障。"

柴田和子的"红灯理念"最后打动了汽车销售经理，为自己和全家投了巨额的保险。

那么，在生活中，女人应该如何利用口才和技巧去说服别人呢？那就是站在他人的立场，帮助别人发现他的利益，然后恰当地表现出来。

1. 说明"不这么做的"后果

直接告知被说服者，不接受劝说就会失去某种你想得到的东西，从而以一种强制性和不可抗拒性使对方接受。

2. 分析利弊，让对方权衡

直陈后果固然可以强制人服从，但它只适用于那些比较顽固不化的人身上，对于大多数人来说，还是要通过其心服主动听从说服者的意见。这就需要说服者从"利""害"两个方面阐明利弊得失，通过利与害的对比，清楚明白地分析出何为轻何为重，向被说服者指出如何做更有利，更易于被说服者接受合理的意见和主张。

3. 结合情理，说明利害

在说服别人的时候，最好是在对被说服者利益尊重和认同的基础上，将利与情理有机结合起来论事说理，说明利害。

著名体操运动员李宁在"退役"时面临很多的选择：广西体委副主任，职位诱人；年薪百万美元的外国国家队教练；演艺界力邀李宁加盟；健力宝公司也有招募之意。

李宁举棋未定，于是健力宝公司总裁李经纬再次面见李宁。李经纬先谈起一个美国运动员退役后替一家鞋业公司做广告，赚钱后自己开公司，用自己的名字命名公司和鞋的牌子，最后获得成功的故事。

李宁听完后，若有所思。

接着，李经纬从李宁想办体操学校的理想入手，继续分析："要是你想靠国家拨款资助，不是不可以，但许多事情不好解决。与其向国家伸手，不如自己开辟路子。我认为你最好先搞实业，就搞李宁牌运动服吧。赚了钱，有经济实力，别说你想办 1 所体操学校，就是办 10 所也不在话下。"这番话使李宁为之一动。

见时机已经成熟，李经纬提出："请你考虑一下，是不是到健力宝来？我相信只要我们携手合作，绝对不会是 1＋1＝2 这样简单的算术。从另一个角度说，就目前，恐怕也只有健力宝能帮助你实现这个理想。我那时创业，走了不少弯路，你不应该也不至于从零开始吧，那实在太难。你到健力宝来，我们是基于友情而合作，健力宝也需要你这样的人。"

面对李经纬的热情、诚恳和一次极好的发展机会，李宁终于决定去了健力宝。

李经纬劝说李宁时，突出地表现了对李宁切身利益的关注，论证了李宁到健力宝公司的有利性，同时又充分表现了朋友般的拳拳之情，非常有人情味，从而打动了李宁，也实现了自己的劝说目的。

做人大度是种美德

在与人交往的生活里，从谈吐之中，往往能直接反映出一个人的涵养、素质是傲慢还是谦逊，是宽容还是心胸狭窄。

丁玲是我国现代著名女作家。这位饱经坎坷的著名女作家，为人十分乐观，处世豁达大度。同时也是一位说话高手。下面有两个关于她的故事，可以说明这一点。

某年夏季，作家们去我国一处避暑胜地旅游，正在大厅休息，有位当地人模样的中年妇女匆匆赶来，态度十分热情。她看到一位白发老太太独自坐在一旁，便过去殷勤地倒茶，招呼叙话。她先是主动自我介绍，说是跟着爱人一起调来此地，安置在作家协会工作，接着笑问："老同志是陪同外国朋友一起从北京来的？"

老太太含笑点头："是的。"

女主人："尊姓？"

老太太："我姓丁。"

女主人："大名呢？"

老太太："我叫丁玲。"

女主人略带歉意表示不熟悉："喔，丁玲同志，在哪个部门工作？"

老太太未免一愣："啊……"

女主人笑："在中国作家协会工作的吧？"

老太太笑笑："哎。"

女主人更亲近了："写过什么作品没有？"

老太太和蔼可亲："过去写过一些……"

女主人："现在呢？"

"现在……"老太太笑，"嘿嘿，没有写什么……"

"嘿嘿嘿……"女主人表示作为知己，格外高兴："我跟您一样，也没有写什么，在作家协会吃大锅饭，嘿嘿……混混日子，也蛮清闲的，你说呢……哈哈哈……"

老太太："嘿嘿嘿……"

丁玲作为一位知名作家，不但没有对别人表示不认识自己感到不愉快，反而将计就计，寥寥数语，就拉近了与女主人之间的距离。这个故事不但体现了丁玲的低调内敛，更展示了一位说话高手的大度风范。

1984 年 4 月 27 日，中国妇女界的代表们齐聚人民大会堂宴会厅，在这里举行酒会，欢迎陪同里根总统访华的南希·里根夫人。作为文艺界的代表，丁玲也应邀出席了。

席间，美国大使馆的一位女士不知道为什么，忽然用不熟练的汉语问身旁的丁玲："我想请教一下，'丁玲'和'定陵'有什么关系？"

对这个莫名其妙的提问，周围的人有的感到愕然，有的露出不满的神色。人们都有点儿紧张地望着丁玲，不知她如何回答。

只见丁玲大度地一笑："有关系呀。定陵是坟墓，我们这些人最终都要走向坟墓。"

提问题的美国女士惊叫起来："啊，这可是两个世界。这个世界充满欢乐，而那个世界是谁都不愿意去的地方。"

丁玲仍然微笑着："在这个世界里也有不愉快的事，也会有烦恼，但那个世界却是谁也逃不掉的。"

周围的人听后都大笑起来，宴会的气氛仍然是那么欢快，和谐。

丁玲的大度、风趣幽默，很是让人敬佩。她那诚恳的待人态度、洒脱的仪表礼节就能产生使人乐于亲近的魅力。而这种魅力不只是取决于年龄、长相和衣着，是在于人的气质和仪态，是人的内在品格的自然流露。

所以，对于一个女人来说，在说话的时候，如果别人无意冒犯了你，你都要保持宽容，不争论、不生气、不反击、不露声色，言语中保有一份大度，这才是一个说话高手的风度。

委婉说话有奇效

英国思想家培根说过："交谈时的含蓄与得体，比口若悬河更可贵。"在言谈中，有驾驭语言功力的人，会自如地运用多种表达方式。委婉含蓄比直截了当的表达效果会更佳，但也更需要多动脑筋，它是一种语言修养，也是一个人智慧的表现。

有一次居里夫人过生日，丈夫彼埃尔用一年的积蓄买了一件名贵的大衣，作为生日礼物送给爱妻。当她看到丈夫手中的大衣时爱怨交集，她既感激丈夫对自己的爱，又怨他不该买这样贵重的礼物，因为那时实验正缺钱。她婉言道："亲爱的，谢谢你！谢谢你！这件大衣确实是谁见了都会喜爱的，但是我要说，幸福是来自内在的。比如说，你送我一束鲜花祝贺生日，对我们来说就好得多。只要我们永远一起生活、战斗，这比你送我任何贵重礼物都要珍贵。"

这一席话使丈夫认识到花那么多钱买礼物确实欠妥当。

委婉是一种既温和婉转又能清晰明确地表达思想的谈话艺术。它的显著特点是"言在此而意在彼"，能够引导对方去领会你的话，去寻找那言外之意。从心理学的角度来看，委婉含蓄的话，不论是提出自己的看法还是向对方劝说，都能保护对方心理上的自尊感，使对方容易赞同、接受你的说法。

直爽的女人虽然坦率真诚，但却少了点韵味和风情，女人学会了委婉，才是有女人味的女人。委婉的方法，一般分为讳饰式、借用式和曲语式三种类型。

（1）讳饰式委婉法：是用委婉的词语表示不便直说或使人感到难堪的方法。

作家冯骥才在美国访问时，一个美国朋友带儿子去看望他。说话间，那孩子爬上冯老有些摇晃的床铺，站在上面拼命蹦跳。这时，冯老如果直接喊孩子下来，势必会使其父产生歉意，也让人觉得自己不够热情。于是，冯老笑着对朋友说："请您的孩子到地球上来吧。"那位朋友没有对孩子进行指责，而是顺着冯老的思路，同样不失幽默地回答道："好，我和孩子商量商量！"

冯老的话使本来也许是困难的批评变得顺利起来，而且创设了比较融洽的氛围。委婉，能够在不"伤人"的境况下展开温馨的批评。

（2）借用式委婉法：是指借用一事物或其他事物的特征来代替对事物实质性问题直接回答的方法。

在纽约国际笔会第48届年会上，有人问中国代表陆文夫："陆先生，你对性文学怎么看？"陆文夫说："西方朋友接受一盒礼品时，往往当着别人的面就打开来看。而中国人恰恰相反，一般都要等客人离开以后才打开盒子。"

陆文夫用一个生动的借喻，对一个敏感棘手的难题委婉地表明了自己的观点——中西不同的文化差异也体现在文学作品的民族性上。陆文夫实际上是对问者的一种委婉的拒绝，其效果是使问者不感到难堪，使交往继续进行下去。

（3）曲语式委婉法：是用曲折含蓄的语言、商洽的语气表达自己看法的方法。

1937年冬，刚从济南到武汉的老舍先生在冯玉祥将军的图书楼写作，可冯将军刚从德国回来的二女儿却与人在二楼跺脚取暖，打扰了老舍先生的构思。吃午饭时老舍笑着向冯家二小姐说："弗伐，整整一个上午，你在楼上教倩卿学什么舞啊？一定是从德国学来的新滑稽舞吧？"一句话引得大家一阵大笑，二楼也从此变得静悄悄了。

老舍先生在谈笑间既没有使对方尴尬，又达到了批评的目的。

另外，使用委婉语，必须注意避免晦涩艰深。谈话的目的是要让人听懂，如一味追求奇巧，会使他人丈二和尚摸不着头脑，甚至造成误解，必然影响表达效果。要做到语言含蓄须善于洞悉谈话的情景和宗旨，还要练就随机应变的本领，这样才会使你的语言得心应口、有新意。

五招让你成为健谈的人

健谈的人，永远是受欢迎的人。有他们在，就有快乐，就有气氛。

能够与人畅快地交谈是生活中最有乐趣的事情之一，而且它能带给你许多意想不到的回报。但交谈并不是一件容易的事，对许多人来讲，他们宁可不背降落伞从一架飞机上跳下去，也不愿坐在一个陌生人旁边与他聊天。

拉里·金是美国有线新闻网 CNN 专栏节目《拉里·金访谈》的主持人。该栏目开办近 10 年来，先后邀请了 3000 位嘉宾到场，其中包括美国总统、演艺体育界明星，以及传媒所关注的热门人物等。因为其紧密结合时事、主持人幽默风趣而成为此类节目中收视率最高者之一。

下面就是拉里·金的 5 条经验，能教会你在任何时间、任何地点与任何一个人展开有趣的谈话。如果你经常进行有意识的练习，交谈也许会变得容易一些。

1. 不必过分斟酌字句

有时候我们太注意自己说话的措辞，反而不知道如何开口。不是每个人都有拉里·金那样的口才的。

那是 1957 年 5 月 1 日的早晨，在迈阿密海滩上一家叫 WAHR 的小电台里。此前拉里·金一直在那里碰运气，希望有机会实现他的广播梦。电台经理很喜欢他的声音，但就是没有空缺。有一天音乐节目主持人辞职了，经理告诉拉里·金，从 5 月 1 日起接替他的工作。

整个周末拉里·金都没有合眼，一遍又一遍地背诵精心准备的解说词，到星期一早晨他的精神已近乎崩溃了。经理把拉里·金叫进办公室祝他好运，然后拉里·金就进了直播间。

上午 9 点钟，主题曲响了起来，拉里·金正襟危坐，调低音量以便开始开场白。可是他的嘴巴像棉花一样什么也讲不出来。

于是拉里·金开大音乐再降低，可舌头还是不听使唤。如此重复了3次。听众们听到的只是一支曲子忽高忽低很滑稽地变化着。

终于，气急败坏的经理一脚踹开了门，冲拉里·金喊道："这是一门与大众交流的行业！"然后摔上门走了。

在这一刻，拉里·金不知从哪里来了勇气，他凑近麦克风说道："早上好，这是我在电台工作的第一天，整个周末我都在准备台词，现在有点紧张并且口干舌燥。经理刚刚踢门进来告诉我'这是一门与大众交流的行业'。"

这样的开场白简直糟透了，但是拉里·金终于开了口，而且靠坦率赢得了听众，以后的节目都进行得非常顺利。

2. 培养自己讲话的愿望

有过这样一段经历之后，拉里·金给自己规定要保持讲话的愿望，即使在不开心的时候也强迫自己做到这一点。因为它对于成为一个健谈的人十分重要。拉里·金在广播业取得成功的原因之一就是他热爱自己所从事的工作，这一点是装不出来的。

汤米·拉索达，洛杉矶职业棒球队的前经理。有一次他的球队在全国棒球联赛的复赛中惨败，之后拉里·金把他请到了直播间。从他的热情中你绝对看不出他的球队刚刚吃过一场败仗。当拉里·金问他为何能够如此乐观时，他说："生活中最美妙的事就是当一个赢球球队的经理，其次就是当一个输球球队的经理。"这种达观以及对事业的热情使他成为一个成功的球队经理。

3. 不要忘记让对方说话

聆听会使你的讲话水平提高，如果能提出循循善诱的问题来，那就证明你已经是一个相当不错的交谈者了。

拉里·金每天早上都要提醒自己一下：今天我所说的任何内容都不会使自己提高，因为它们都是我所知道的，如果自己想学到东西，最好听听别人说些什么。

4. 开阔你的视野

最好的交谈者能够谈论他日常生活以外的话题和经历。你可以通过旅游拓宽视野，但也完全可以在自家后院做这一点。

当拉里·金还是孩子时，母亲因为要工作，就请了年长的女人来当保姆。她的父亲参加过美国内战，她本人在小时候还见过林肯总统。通过和她交谈，上个世纪的历史就像窗子一样在他面前打开了。

请记住，与有不同生活阅历的人交谈可以帮助你增长见识，并开阔你的思维空间。

5. 营造轻松的谈话环境

拉里·金的交谈原则中非常重要的一条就是不要长时间地谈论一个严肃的主题。事实上，在每次访谈中，他都尽力发现每个嘉宾幽默的一面，尤其是他们的自我解嘲。

歌星弗兰克·辛那特拉就是一个不怕亮家丑的人。在一次访谈节目中，他回忆起自己被喜剧演员唐·雷克斯捉弄的故事。当时两人都在拉斯维加斯的一家餐馆吃饭，雷克斯走过来请他帮个忙。

"弗兰克，你和我的女朋友打个招呼好吗？有这样一个大明星肯赏光她会很有面子的。"

"当然可以，把她叫过来吧！"

"如果你能亲自过去，她会更感动的。"

善良的弗兰克信以为真。过了一会儿，他穿过整个大厅来到雷克斯的桌前，拍了拍他的后背说："见到你真高兴！"

没想到雷克斯扭过头说："走开，弗兰克，我们正谈私事呢！"

弗兰克讲起此事时津津乐道，仿佛是别人的笑话一样。他的这种风格不仅吸引了电视观众，更为他赢得了大批歌迷。

其实，不管你是面对1个人还是100万人讲话，原则都是相同的。你要设法在你和他人之间建立起沟通的桥梁，表现出同情、热情和倾听的愿望，你就会成为一个健谈的人。

第二章　能言善道，女人的口才练出来

好口才来自好方法

对于一个成就事业的女人来说，出色的书面表达能力固然重要，而出众的口才其实更重要。因为书面表达是可以由别人代替完成的，而口头表达却是别人无法代替的"金字招牌"。因而，说服别人的能力，是女人在成就事业的过程中一项重要的真本事。

有了好口才，你可以更多地了解别人，也可以更多地为人了解；有了好口才，你可以在成就事业的过程中立于不败之地。

许多成功人士告诉我们，口才、实力是职场、商场竞争中的法宝。口才的作用和价值非同小可，口才和交际能力确实是我们提高素质，开发潜能的重要途径。通观古今中外，凡是有作为的人都把口才作为必备的修养之一，如美国前总统林肯、二战时期的英国首相丘吉尔等。

口才并不是一种天赋的才能，它是靠刻苦训练得来的。古今中外历史上一切口若悬河、能言善辩的演讲家、雄辩家，他们无一不是靠刻苦训练而获得成功的。

美国前总统林肯为了练口才，徒步30英里，到一个法院去听律师们的辩护词，看他们如何论辩，如何做手势，他一边倾听，一边模仿。他听到那些云游八方的福音传教士挥舞手臂、声震长空的布道，回来后也学他们的样子。他曾对着树、树桩、成行的玉米练习口才。

语言是你成功道路上的铺路机。练口才不仅要刻苦，还要掌握一定的方法。科学的方法可以使你事半功倍，加速你口才的形成。你可以从下面几个方面训练你的语言能力：

1. 平时注意积累

平时我们会看电视、看报纸、看杂志、看书、交谈、观察，在这些活动中有可以拓展话题的源泉。拿一个本子，把在这些活动中听到看到想到的趣事、好句子等记下来或剪切下来，然后一天记下一两句或一两件趣事。一个月后，你会发觉自己的思想丰富了许多，说话也开始变得生动有趣。

2. 从家人开始进行交谈

不要只顾自己的口才训练成果，你要去留意他人在谈些什么，他人对什么感兴趣。从他人的交谈中找到与自己知道的有交集的，然后参与进去。训练到一定火候了，你可以到工作场所、朋友之中等试试你的训练成果。

3. 多讲故事

很多人都喜欢听故事，但是不是都讲过故事的。讲故事看起来很容易，要真讲起来就不那么容易了。讲故事是一种才能，并不是人人都可以把故事讲好的。学习讲故事是练口才的一种好方法。讲故事，可以训练人的多种能力。因为故事里面既有独白，又有人物对话，还有描述性的语言、叙述性的语言，所以讲故事可以训练人的多种口语能力。

4. 多加模仿

我们每个人从小就会模仿，模仿大人做事，模仿大人说话。其实模仿的过程也是一个学习的过程。我们小时候学说话是向爸爸、妈妈及周围的人学习，向周围的人模仿。那么我们练口才也可以利用模仿法，向这方面有专长的人模仿。这样天长日久，我们的口语表达能力就能得到提高。

训练口才的方法很多，并不仅限于以上几种。在练口才时，你一定也会总结出适合自己的训练方法。只要此法对练口才有益有效，就不失为一种好的方法。另外，你也不要仅仅拘泥于一种方法，抱住一种方法不放。你不妨找几种适合自己的方法，见缝插针，相信这种综合训练收效更大。

巧妙避开棘手问题

在人际交往中，有时会遇到难以回答的棘手问题，就像死结一样，不是一拉就解得开的，此时应避免正面的攻坚战，不按对方的逻辑思路作答，采取绕开的办法，另辟蹊径，寻找出路，从不同的角度去寻找突破口。有时可以语出不凡，出奇制胜，妙"口"回春，达到"溪回谷转愁无路，忽有梅花一两枝"的效果。

那么，如何巧妙地避开话题，出奇制胜，妙"口"回春呢？

1. 巧换概念法

就是利用话语中的多义性和歧义性来"掉包"，采用甲代乙，或以乙代甲的办法，故意造成理解上的一种误会，以此来达到某种目的。

一天赵泉的爱妻提出一个问题："在遇到我之前，有几个女人吻过你？你吻过多少女人？"赵泉一本正经地闭目沉思后告诉妻子："以前吻过我的女人大概有23个，我吻过的女人大概也是这么多。"

其妻怒目圆睁，非要搞清不可。这时赵泉给妻子报了曾吻过他的女人的名字——妈妈、外婆、表姐、堂姐、姑姑、侄女等。

"啊——原来如此。"妻子的脸迅速阴转晴。

2. 反守为攻法

即对交际对象提出某种不合理的要求或进行不正确的指责不予反驳，而提出与对方类似的反问句，使对方为难，从而得到峰回路转的效果。

厨师小闻去年冬天因为迟到被尤经理炒了"鱿鱼"。今年春天厨房里人手不够，而且小闻制作西点确实有一手，所以尤经理将他又找回来工作。

谁料小闻是个倔脾气，一见尤经理就责问："是去年将我炒'鱿鱼'对，还是现在又聘用我对？"

尤经理怎肯承认去年炒他的"鱿鱼"是错的呢？尤经理淡淡一笑之后，反问："你说窗外的这槐树，是秋天落树叶对呢，还是春天长树叶对呢？"

这回，难以回答的反倒是小闻了。

3. 转移论题法

当他人提出一个难以回答的问题，自己一时回答不了时，可以采取撇开的策略，答话看似与问有关，而其实无关，从而显露机敏与智慧。对方虽然得不到直接的回答但也无话可说。

在第十一届亚运会上，台湾十项全能名将李福恩在撑杆跳高时意外失利，以致功亏一篑。赛前，有记者采访了他的教练——亚洲名将杨传广："您是否认为李福恩将打破您的纪录？"

杨传广回答得很巧妙："我不喜欢做赛前预测。但我希望我的纪录由中国人来破，无论是大陆的还是台湾的，我都会很高兴的！"

4. 自我解嘲法

即"向我开炮"，自己嘲笑讽刺自己，主动为自己舒缓心理压力，缩短与交际对方的距离。

欧洲有位女士体胖，但她博学多才，精通外语，她的理想是当名外交官。在外交官的考试前，她得知主考官将会问每一个人的婚姻计划。如果答者想结婚，他们会拒绝你；如果你答不想结婚，他们则会怀疑你是否有心理障碍。这个玩笑式的死结，好多人都没有解开。

轮到她的时候，主考官问："请问小姐，你想结婚吗？"

她一本正经地回答："嗯，目前我暂时没有计划。毕竟我身高 6 英尺，体重 200 磅，能配得上我的小伙子似乎还不多。"

所有的人都笑起来了，这位女士顺利地被录取了。

5. 自圆其说法

即镇定自若，妙语连珠，对已然的窘境灵活应对，避实求虚，别样解说，以摆脱已出现的困境。

有位男教师上课时，皮带从腰部掉下来，惹得同学们窃窃私语，捂嘴暗笑。这位教师发现后，只是微微一笑说："同学们，如果年底教师评先进你们可别忘了我呀！"同学们一愣，不解其意。这时教师又接着说："你们知道不，我废寝忘食地备课、教课、批改作业，现在瘦得连皮带都系不住，仍坚持为你们讲课，难道不够先进吗？"说着背过身去，从容地把皮带系好。教室里寂静一阵之后，突然爆发起一阵掌声。

这位教师的皮带掉下的原因无疑是自身的疏忽，然而他却把原因解释为备课、教课、批改作业而累瘦的缘故。高度的语言机智，使他化尴尬为自然。

聪明的女人，若你能恰当地借鉴上述语言技巧，将会使你更加聪明机智，使你能言善辩，将会帮助你在社交中摆脱困境，渡过难关，大受欢迎！

学会得体地反驳

当交谈中有些话语令你猝不及防地陷入尴尬被动之境的时候，最好的做法是：保持冷静，并迅速地开动大脑，把所有的智慧和语言都调动起来，学会得体地反驳，这时你就会发现，你已经学会了从容面对令你难堪的话语。

被誉为"世界女排第一重炮手"的海曼生前曾和一个白人恋爱，但最终却因肤色种族问题分手。

海曼成名后，这个白人去找她，说："亲爱的，我们和好吧，现在您已经是世界闻名的大球星了，我非常渴望和您在一起。"

海曼轻蔑地一笑说："不知道您爱的是我的名气还是我这个

人？如果爱的是我本人，我现在仍然这么黑。如果爱的是我的名气，那么，这个问题很好解决，请去买球票看球吧！"

一般说来，与别人交谈都应该在一种友好的气氛下进行，但是在生活中，我们总免不了会遇上一些对自己抱有敌意的人，或者是抱有不同观点的人，在谈话时突然进行讽刺、嘲笑甚至是毫无道理的谩骂。在这种情况下，自然不能忍气吞声、息事宁人，但也没有必要大发雷霆、撕破脸皮，最好应该巧妙地反驳，在回击对方的同时又维护了自己的形象。

那么，如何做到这一点呢？还是看看名人们是怎么做的吧。

1. 用对方的话还击对方

丹麦著名童话作家安徒生常戴一顶破旧的帽子在街上溜达。一次，有人嘲笑他："你脑袋上边的那个玩艺是个什么东西，能算是一顶帽子吗？"

安徒生毫不客气地回敬道："你帽子底下的那个玩艺是个什么东西，能算个脑袋吗？"

对方用破帽子来嘲笑安徒生，安徒生则巧妙地利用同样的问题来反问对方，达到了反唇相讥的目的，这就叫"以彼之道，还施彼身"。

2. 利用对方话里的漏洞

以最快速度发现对方话里的漏洞，等事后才发现对方的话里有漏洞是毫无意义的。

俄国大诗人普希金在成名之前，一次在彼得堡参加一个公爵家的舞会。他邀请一个年轻而漂亮的贵族小姐跳舞，这位小姐傲慢地看了年轻的普希金一眼，冷淡地说："我不能和小孩子一起跳舞！"

普希金没有生气，而是微笑着说："对不起，小姐，我不知道你正怀着孩子！"

这位小姐说的"小孩子"可以理解为讽刺普希金，也可以理解成自己肚子里怀着孩子，普希金就是利用她话里的歧义，成功地回击了傲慢的贵族小姐。

3. 顺着对方的话发挥下去

用对方的话推论出一个足以使他难堪的结果，就达到目的了，哪怕这个结果是不符合逻辑的或者是不合常理的。

霍勒斯·格里利是美国《纽约论坛报》的创办人。一次，他在一次聚会上碰见了《太阳报》的一位主管人员，此人毫无礼貌地说："格里利先生，我经常买《纽约论坛报》，不过只用它来擦屁股。"

"噢，只要你坚持这样做的话，要不了多久，你的屁股会比你的脑袋更有头脑。"格里利不慌不忙地说。

有时候，如果顺着对方的话说下去，把讽刺引到对方的身上，也能起到出奇制胜的效果，格里利就给我们做了最佳示范。

4. 抓住对方的自相矛盾之处

斯坦顿夫人是美国的女改革家，女权运动的著名活动家。在一次女权运动的会议上，一位已婚牧师指责斯坦顿夫人在公开场合发表演讲。他不满地说："圣徒保罗提议妇女保持沉默，您为什么要反对他呢？"

"保罗不也提议牧师应保持独身吗？您难道听话吗？我的牧师大人。"斯坦顿夫人挖苦道。

牧师借用圣徒保罗的话来反对斯坦顿夫人，但是他自己也没有完全遵守圣徒的话，于是斯坦顿夫人抓住了他的自相矛盾之处，同样利用圣徒的话来反戈一击。

5. 抓住对方的缺点

俄国著名寓言作家克雷洛夫长得很胖，又爱穿黑衣服。一次，一位贵族看到他在散步，便冲着他大叫："你看，来了一朵乌云！"

"怪不得蛤蟆开始叫了！"克雷洛夫看着身材雍肿的贵族

答道。

如果对方拿你的缺点甚至身体缺陷来嘲笑你的话，你大可不必跟他客气，每一个人都会有缺点，你最好的办法就是抓住他的缺点来反唇相讥，就像克雷洛夫做的那样。

当然，要想成功地反唇相讥，最重要的还是要反应速度快、思维灵活，能在最短的时间里抓住对手的弱点或者话里的漏洞，然后恰当地组织语言进行回击，否则只能面对对方的敌意而无可奈何。

自我解嘲是种利器

幽默能使人感到轻松愉快，有助于沟通，而自嘲被看作是幽默的最高境界。能自嘲，是心胸开阔、为人宽厚、随和幽默的表现，没有豁达、乐观、超脱的心态和胸怀，是无法做到自嘲的。一个善于自嘲的人，往往就是一个富有智慧和情趣的人，也是一个勇敢和坦诚的人，更是一个将自己里里外外看得很明白的人。自嘲既不会伤害自己，也不会伤害别人，是交际中最为安全的沟通方式。它可以用来活跃气氛，增加人情味；可以用来稳定情绪，赢得自信；也可以用来作为拒绝之词，增进交际双方之间的情谊。

张芸参加一个大型演讲比赛，因音响故障推至9点半才开赛，而参赛人数多达32个。临抽签了，张芸祈祷自己不要抽到后面的。因为快到中午了，再动听的演讲也不如一碗米饭来得实在。谁料那会儿上帝准是开小差了，没听到她虔诚至极的祈祷——抽了个32号，最后一个。张芸倒吸了一口凉气，回到座位上，心里如同十五个吊桶七上八下，听不清带队老师的劝慰，更听不清选手们的演讲，脑子里一片空白，愈慌愈急便愈想不出对策。

果真如张芸所料，过了12点，赛场上的人群开始骚动，而差不多要过半个小时才轮到她演讲。在这可贵的关键时刻，一个念头闪过她的脑海。当主持人宣布"32号选手上场"时，张芸一扫开始时的沮丧和担心，信心百倍精神抖擞地站了起来。在讲台上站定后，张芸用微笑而平静的目光环视了赛场一圈，骚动的人群渐渐平静下来，视线也集中到她身上来。

这时张芸不慌不忙地开口了："今天我是最后一个上场，好在我体重比较重，希望能压得住这台戏。"

话语刚落，全场一片笑声，随即是热烈的掌声。饥肠辘辘的听众以难得的耐心听完了张芸为时7分钟的演讲，并难得地一再响起潮水般的掌声。

最后评委团主席点评赛事，说了这样一句话："表现尤为突出的是32号选手，她以她的体重，更以她的实力压住了这台戏！"台下又响起大家默契的笑声和掌声。

其实，自我解嘲是一种很有效的语言工具。学会自我解嘲，幽默而又不失风度，这是摆脱窘境的最好办法。

在许多场合，人们经常碰到令人尴尬的局面。有时候，你会不经意地说错了一句话或办错了一件事，这时如果你显得局促、紧张、惶恐，切记不必掩饰自己的难堪，更用不着兴师动众地转移目标，只要自我解嘲，往往就能掩饰自己的尴尬。

在一次庆功聚会上，一位年轻的士兵不小心把酒泼在了巴克利将军的秃头上。众人惊呆了，那位年轻的士兵也手足无措。巴克利将军笑着说："小伙子，你认为这种方法有用吗？"众人不由哄堂大笑，气氛一下子变得非常轻松。

在日常生活中学会自我解嘲，将使你活得更有滋味，远离尴尬和冷场，生活变得更精彩。

自嘲是一门很高深的艺术，不仅给大家带来了快乐，也愉悦了自己的心情。懂得自嘲的人往往会与他人相处得更融洽，更受人欢迎。

自嘲并不是拿自己出丑，自嘲者讽刺的往往不是自己的缺点，至少他们的优点是多于缺点的。不管你的身份地位如何，都应该学会自嘲。当然，这里也不是建议你过分简单地模仿丑角，成为别人的笑柄。你的自嘲，要包含智慧，自嘲时，也要保持风度。当你掌握了自嘲的艺术，你就能成为一个快乐的女人，一个受欢迎的女人。

这样说话最讨人喜欢

面对听众，无论是演讲还是发言，大家都希望自己的讲话能够吸引人，具有不同凡响的魅力。可是在许多场合，尽管自己做了精心准备，但是听众的反应就是平淡而木然，有时甚至让人昏昏欲睡。想一想，自己在台上讲得一头汗，还不值台下人一看。碰到这种情况，台上台下、说者和听者双方都难受。万般无奈之下，彼此只好就这么"耗"着、"磨"着、"熬"着，台下的听众巴不得讲话尽早结束，台上的你又不得不硬撑着把话讲完。这样的情景无论谁碰到，心里都憋得慌。

女人常常不了解自己是如何讲话的，因为她们不像男人那样在青春期经历过明显的变声。个人风格与效果咨询公司董事总经理劳雷尔·赫尔曼认为，女人说话的节奏也会出现问题。她说："毋庸置疑，聪明的女人往往说话过快。她们往往一说一大段，并且期望别人能够听懂。男人往往懂得说话时有所停顿。女人应该放慢语速、增加停顿，让听众听懂她们在说什么。"

口才卓著的人说话也好，演讲也好，往往具有较深厚的思想内涵、较丰富的文化内容、较强的生活气息和艺术感染力，因而具有特殊的魅力。如果你能掌握一定的方法，就能使你的语言更富有魅力。那么，怎么才能拥有说话吸引人的功力，成为一个惹人爱的女人呢？

1. 让语言更富有情感

语言的情感来自言语者对生活的热爱，对人类社会、国家、群体和他人前途、命运的关注和关怀，对真、善、美的向往，对不幸和苦难的同情，对假、恶、丑的憎恶。当我们善于对社会生活感怀时，就能不时地将这种发自内心的感怀直接或间接地表达出来，我们的语言就能具有一定的情感，进而因具备一定的感染力和较好的表达效果而富有魅力。

情动于中，是语言具有情感的关键，而具有情感的语言往往能触动他人的情怀，所以具有较好的表达效果和特殊的魅力。

2. 让语言生动形象

丰富的形象性会使我们的语言具有无比的生命活力和生活气息。

"一个人应当像一朵花，不论男人或女人。花有色、香、味，人有才、情、趣……梁实秋最像一朵花，虽然是一朵鸡冠花。"这是冰心在一次谈话中对梁实秋的评价。

这段评价用了比喻的手法，语言富有形象性。而这一形象性比喻，源于冰心对花的生命表现方式与人的生命表现形式的联想。正是这样的联想形成了类比，使这一评价具有不同寻常的鲜活和耐人寻味的效果。

3. 放低你的声调

声调高的女人生来处于劣势。美国声音紊乱研究中心的民意调查显示，人们更喜欢低沉、悦耳的声音，对男女均是如此。刺耳的尖叫被美国人评为"最难听"的声音。

4. 词语要通俗易懂

有些人认为，不论是发言还是演讲，既然是在众人面前表现自己的口才，就要选用那些华丽的词语，才会给人留下文化品位高的印象。事实上，往往就是那些"大白话"的讲话，既通俗易懂又幽默风趣，更能赢得听众的青睐。法国哲学家阿兰曾说过：

"语句抽象总是糟糕的。你的句子里应放满石头、金属、桌子、椅子、动物、男人、女人。"

5. 让语言偶尔增添一些精彩话语

说话平淡如水的人，很难马上对他人产生吸引力。如果你经常能妙语连珠，能说出一些精辟的话，那么你一定能大受欢迎。当然在生活中，我们的语言不可能句句闪光、字字珠玑，但我们应力求在一次演讲、一次谈话中产生一两句具有精警性的"点睛"之语，使我们的演讲、报告、谈话等具有一定的震撼力和影响力。

"不要问你们的国家能为你们做些什么，而要问你们能为自己的国家做些什么。"这是肯尼迪1960年1月当选为美国第35届总统时发表的就职演说中的一段话。如今，这句话已成为世界各国人民激励自己报效祖国的格言。

6. 注意语言的形式美

押韵、节奏感强、句式整齐的语言，一般易引人入胜、便于记忆，又琅琅上口，易让人复述。这也是人们喜爱吟诵、背诵诗歌的缘由。我们在说话的时候，如果能借鉴诗歌语言的表现形式，注重一点儿音韵美、节奏美、整齐美，就能在一定程度上，以其优美的外在形式，让人产生一定的美感和快感，进而使人对语言内容产生关注和兴趣。这也是美化语言使之具有一定魅力的途径之一。

把话说得通俗易懂

把简单的话说得复杂并不难，把复杂的东西说得简单有趣才是不简单。

浅俗直白的语句往往蕴含一个人对人生对社会的独到深邃的思考，可谓俗中有雅，大俗大雅；其次，如果运用恰当，口语往往比书面语更鲜活、更有趣、更富感染力。

在生活中有这样一种现象，一些人怕别人说自己肚子里墨水少，谈话时常常搜肠刮肚地寻找华丽的词藻进行堆砌，以为这样才能显得语言美、水平高。其实这是一种误解，实践证明，"雅"是美，"俗"也是美。通俗并不意味着肤浅，通俗之所以会产生美感是因为它将深邃的思想内涵蕴藏在平实浅显的语言形式中了，深入而浅出。

那么，怎样才能使谈话通俗优美呢？

1. 使用日常用语

日常用语，专指那些在老百姓中特别通行的有指代和比喻意味的习惯用语。如，把工作互相推诿说成"踢皮球"，把解除束缚说成"松绑"，把升学率为零说成"剃光头"，还有什么"走后门""捞稻草""捅娄子"等，都可为自己的言谈"添彩儿"。

2. 引进俗语

俗语，是指普遍流行的话语，其中包括民间谚语。这些话，长期生长在人民群众之中，大多都反映了人民的心愿，记录了社会生活和人生经验，道理深刻、意思新鲜、形象生动、简练透辟，如果能恰当引用，就会使交谈意味无穷。

比如"车到山前必有路""没有爬不过去的山""三百六十行，行行出状元"等，都是些俗话，但却让人听之"开胃"，嚼之有"味"，而这是"雅"的语言所不能代替的。

3. 穿插歇后语，妙趣横生

歇后语，包含了群众的智慧，口耳相传，从古至今广泛流传，它可以使言谈意味深长，妙趣横生。因为这种格式类似谜语，用得好，可以给人活生生的视觉形象和恍然大悟的联想。如：麻袋上绣花——底子差；空心萝卜——外强中干；肉包子打狗——一去不回来；夜猫子打坐——睁一只眼，闭一只眼；周瑜打黄盖——一个愿打一个愿挨；不蒸馒头——蒸（争）口气；导弹打蚊子——大材小用……只要用得恰到好处，就会使话语别致而生动。

4. 巧用顺口溜，朗朗上口

顺口溜，是民间流行的一种口头韵文，句子长短不齐，纯用口语，念起来很顺口，如果在交谈中能恰当使用，也会使语言增加魅力。

美娟回到家时丈夫还没把饭做好，她的脸马上阴了下来。这时，丈夫便边做饭边向妻子叨叨："我早晨洗洗涮涮，中午买菜做饭，晚上陪着儿子把书念，白天还得把钱赚。如果哪样做不好，老婆就给脸色看，你说我活得难不难。"这顺口溜如夏季里刮了一阵清风，使妻子的脸由阴转晴。

5. "客串"广告语

当今一些广告语已是妇孺皆知，在交谈中如能巧妙地把一些广告词"插足"进来，也可为谈话增"滋"添"味"。

韩总是化工局的经理，一天，新来的会计小丁找他谈工作。谈了一会儿，韩总说："你和其他人说话不一样。"当小丁问他怎么不一样时，他笑着说："农夫山泉，有点甜。"一句话把对方说乐了，一扫小丁刚见他时的拘谨，使气氛立刻活跃起来。

以上只是谈了使言谈通俗优美的几种主要手段。值得注意的是，要想让语言产生"通俗美"的效果，有 3 个问题要特别注意：一是"通俗"不是"低俗""媚俗""庸俗"，不能"俗"不达意，否则会让人感到"俗不可耐"；二是要注意对象、场合和情境，如果只图个"俗"语连珠、信口开河，就会弄巧成拙；三是要"言为心声"，只有诚恳、朴实的人，说通俗的话才能自然生动、亲切感人，否则，话说得再通俗，也只能让人感到是鼻子里插大葱——装象（相）。

肢体语言为你增添魅力

为什么男人喜欢女人大大的眼睛、黑黑的眼睛、亮亮的眼睛？因为最会说话的不是嘴，而是眼睛。大大的眼睛包含了无穷的情意，黑黑的眼睛蕴含了更多的深沉，亮亮的眼睛充满了生命的活力。会说话的眼睛能表达的东西远比嘴巴表达的东西含蓄广泛……

著名的人类学家雷·伯德威斯特尔经过研究发现，人与人面对面沟通时的三大要素是文字、声音及肢体语言，三大要素影响力的比率是文字7％，声音38％，肢体语言55％。所以，哑剧演员即使不说话，也能完整地把想要表达的意思传达给观众。但是，一般人经常只强调说的内容，却往往忽略了声音和肢体语言的重要性。

一个女人一旦掌握这些身体语言的信号，并准确地解读出其中的含义，无疑会大大增加她的魅力。

（1）注视：如果对对方的讲话感兴趣，就要用柔和友善的目光正视对方的眼睛，内心充溢着友善和敬意。

（2）微笑：无论倾听还是说话，都要微笑。

（3）点头：在他人说话的时候，适当地点头表示赞成和认可，会让人觉得你不但听明白了他的意思，而且你还是个很不错的倾听者。

（4）初次与男人接触，直视男人后，要把眼睑垂下，不要显得过于精明；不说话时，表情应该是困惑的，眼神流盼，仅这一点，就足以令男人心跳。

（5）偶尔用手撩额前秀发和散落在脖子上的发梢，但动作不要太快，要轻缓地、若有所思，这会增加你的女性魅力。

（6）说话尽量轻声细语，但不是用娇滴滴很恶心的声音去取悦别人。叫人接电话时，不要喊，应该是走到那个人的跟前去告诉他。

（7）遇到突发的小意外时，表示出有些惊喜的神情。

（8）用餐时，动作要轻，微微开启樱唇。

（9）不要披头散发或浓装艳抹，衣着打扮要得体，什么场合就穿什么衣服。

应避免的姿势：

（1）双臂交叉，即使你真冷也别那样，因为它表示自我封闭或自我防卫。

（2）与异性相处时，切忌快速转动自己的眼睛。你和异性交谈时，不停转动着眼睛，那"望穿秋水"的眼睛，那暗送秋波的眼睛，都会给人轻浮的感觉。

（3）不要斜视。与人交往之中应平视对方，这是起码的礼貌。如果斜视，有两种明确的意思：一是瞧不起对方，二是自己不庄重。

（4）不要随便扭动腰肢。扭腰使腰呈现S型，这是"性"的象征。凡是女人扭腰或者扭动臀部，都是招惹异性的信号。

（5）切忌两手叉腰。把双手叉在自己腰上，虽然表示了愤怒和力量，但只适用于骂街。

（6）用手指着别人，这意味着对对方的不尊重。

（7）女性抽烟时，千万别把烟深深地嵌入两指之中。

（8）与人交谈，不论天气多热，千万别把鞋脱掉。

（9）不要老晃动鞋子。不少女性几乎是习惯性动作：她用脚趾勾住鞋，脚跟露出，不停晃动挂在脚尖的鞋子。这种动作明白无误地告诉对方：她是一个开放型女性，可以接纳突然的攻击。

（10）不要随意抖动腿，更不要两腿叉开，这会给人一种轻浮浅薄的感觉。

只要你坚持自然流露的原则，时间长了就自然地培养出了真正属于自己的迷人的姿态。记住，身体语言是一种非常重要的信息。女人们若是能正确地判断，就会大大增加自己的个人魅力，让你大受欢迎。做到了这些，不但男人，女人也会喜欢你的。

第三章　巧言慧语，聪明女人因口才加分

话多不如话少，话少不如话好

赞扬一个人会说话我们会说他"一语中的""一鸣惊人"，而不是"滔滔不绝"。说话简练而到位的人才是真正的能说会道者。在现实生活中，很多女性都是人群中的活跃者，她们喜欢以自我为中心，在喋喋不休之中让自己占尽"风头"，而忽视了别人也有表达自己的欲望，别人也渴望交流，最终，在有意无意间令人感到压抑和被忽视。她们伤害了别人，自己当然也不会得到好人缘。还有一些女人，总是将自己的生活泡在"苦水"里。生活中，无论大事还是小事，都能给她们带来很多痛苦，她们将这些痛苦不断地向别人倾诉，向别人抱怨。

王燕是一家保险公司的业务员。开始时，王燕向别人推销时总是赖在别人面前不走，直到把对方累垮，业绩却毫无起色，久而久之，她对自己的推销能力也产生了怀疑。后来在别人的帮助和指点下，她决定："并不一定要向每一个我拜访的人推销保险。如果超过预订的时间，我就要转移目标。为了使别人快乐，我会很快离开，即使我知道如果再磨下去他很可能会买我的保险。"

谁知这样做竟然产生了奇妙的效果："我每天推销保险的数目开始大增。还有，有些人本来以为我会磨下去，但当我愉快地离开他们之后，他们反而会对我说：'你不能这样对待我。每一个推销员都会赖着不走，而你居然不再跟我说话就走了。你回来给我填一份保险单。'"

俗话说："话多不如话少，话少不如话好。"话多的人不一定有智慧。不要一上来就开始你的"牢骚"，唠叨往往会破坏你的

好人缘，也会给别人带来很不好的影响。如果有什么不满的地方，先创造一个尽可能和谐的气氛。做错事的一方，一般都会本能地有种害怕被批评的情绪，如果很快地进入正题，被批评者很可能会产生抵触情绪。即使他表面上接受，却未必表明你已经达到了目的。所以，先让他放松下来，然后再开始你的"慷慨陈词"。

徐丽在半年前被公司辞退，理由是老板不喜欢她。她说自己工作业绩好、能力强，所以同事总排挤她，在老板面前说她的坏话，老板就总找她别扭。不久后，她被朋友介绍到另一家公司。可是上班不久，她就又开始数落她的新老板了，说老板能力差、水平低，根本无法理解她想要做的事情对公司有多么重要。于是，在试用期满之前，她又被辞退了，害得她的朋友再见这个老板的时候，十分不好意思。现在徐丽仍然四处飘荡，找不到一份满意的工作。

沟通不是一件容易的事情。人是复杂多样的，各有各的癖好，各有各的脾性，跟自己气味相投的人在一起就舒服惬意，话很多；一遇见气味不投的人就感觉别扭，不想开口。所谓"酒逢知己千杯少，话不投机半句多"，就是这种情形的写照。但是，真正投机的人又有多少呢？所以，一般人就有"知己难得"的感叹。善于跟别人交谈的人是很善于适应别人的。只有把话说到对方的心坎上，才能给交际架起绚丽的彩桥。

说服别人时，要给对方台阶下

女人在说服别人的时候，一定要为对方留足情面，不要让别人下不来台。这时候如果能巧妙地给人台阶下，就可以为对方挽回面子、缓和紧张难堪的气氛，使事情能顺利进行。要达到这样的目的，女人就应该学会使用下列技巧，在说服别人时给对方台阶下。

1. 给对方寻找一个善意的动机

装作不理解对方尴尬举动的真实含义，故意给对方找一个善意的行为动机，给对方铺一个台阶下。

有一位老师曾经讲过这样一个故事：一天中午，他路过学校后操场时，发现前两天帮助搬运实验器材的几位同学正拿着一枚实验室特有的凸透镜在阳光下做"聚焦"实验。当时那位老师就想：他们哪来的透镜？难道是在搬运时趁人不备拿了一枚？实验室正丢了一枚。是上去问个究竟还是视而不见绕道而去？为难之时，同学们发觉了那位老师，从同学们慌张的神情中老师肯定了自己的判断。当时的空气就像凝固了似的，但是这位老师很快想出了一条妙方，他笑着说："哟，这凸透镜找到了！谢谢你们！昨天我到实验室准备实验，发现少了一枚，我想大概是搬运过程中丢失了，我沿途找了好几遍都未能找到，谢谢你们帮我找到了。这样吧，你继续实验，下午还给我也不迟。"同学们轻松地点了点头，一场尴尬就这样被轻松解决了。

这位老师采用了故意曲解的方法，装作不懂学生的真实意图，反而说是他们帮助自己找到了凸透镜，将责怪化成了感激，自然令学生在摆脱尴尬的同时又羞愧不已。

2. 顺势而为

依据当时当场的势态，对对方的尴尬之举加以巧妙解释，使原本只有消极意味的事件转而具有积极的含义。

有一次县教委的一些同志来学校听课，校长安排1班的李老师讲课，这下可使李老师犯难了。他既怕课讲得不好，又忧虑有的学生答不上来问题，有失面子。

课上，他重点讲解了词的感情色彩问题。在提问了两位同学取得良好效果后，接着提问县教委单位领导的"公子"："请你说出一个形容×××的美丽的词或句子。"

或许是课堂气氛紧张，或许是严父在场，也可能兼而有之，这位"公子"一时为难,只是站着。

李老师和那位领导都现出了尴尬的脸色。瞬间,这位老师便恢复正常,随机应变地讲道:"好,请你坐下,同学们,××同学的答案是最完美的,他的意思是说这个人的美丽是无法用语言来形容的。"

这一妙解为县委领导"公子"尴尬的"呆立"赋予了积极的意义,使他顺利下了台阶,而李老师本人和那位领导本人也自然摆脱了难堪。

3. 将过错推给不在现场的第三者

故意将对方的责任归于不在现场的他人,主动地为对方寻找遮掩不妥行为的借口。

一位女顾客在某商场给丈夫购买了一套西服,回家穿后,丈夫有点不大喜欢这种颜色。于是,她急忙包好,干洗后拿到商场去退货。面对导购员,她说那套西服绝没穿过。

导购员检查衣服时,发现了衣服有干洗过的痕迹。机敏的导购员并没有当场找出证据来拆穿她,因为导购员懂得一旦那样,顾客会为了顾及自己的面子,而死不承认的。这位导购员就为顾客找了一个台阶。她微笑着说:"女士,我想是不是您家的哪位搞错了,把衣服送到洗衣店去了?我自己前不久也发生过这类事,我把买的新衣服和其他衣服放在一起,结果我丈夫把新衣服送去洗了。我想,您大概也碰到了这种事情,因为这衣服确实有洗过的痕迹。"

这位女顾客知道自己错了,并且意识到导购员给了她台阶,于是不好意思地拿起衣服,离开了商场。

4. 将尴尬的事情严肃化

故意以严肃的态度面对对方的尴尬举动,消除其中的可笑意味,缓解对方的紧张心理。

第二次世界大战时,一位德高望重的英国将军举办了一场祝捷酒会。除上层人士之外，将军还特意邀请了一批作战勇猛的士兵，酒会自然是热烈隆重。没料想，一位从乡下入伍的士兵不懂酒席上的一些规矩，捧着面前的一碗供洗手用的水喝了，顿时引来达官贵人、夫人小姐的一片讥笑声。那士兵一下子面红耳赤，无地自容。此时，将军慢慢地站起来，端着自己面前的那碗洗手水，面向全场贵宾，充满激情地说道："我提议，为我们这些英勇杀敌、拼死为国的士兵们干了这一碗。"言罢，一饮而尽，全场为之肃然，少顷，人人均仰脖而干。此时，士兵们已是泪流满面。

在这个故事里，将军为了帮助自己的士兵摆脱窘境，恢复酒会的气氛，采用了将可笑事件严肃化的办法，不但不讥笑士兵的尴尬举动，而且将该举动定性为向杀敌英雄致敬的严肃行为。乡下士兵的尴尬不但一扫而尽，而且获得了莫大的荣誉，成为在场的焦点人物。

能言善道，让口才为魅力加分

无论是在工作、生活，还是在商界、政界中，一个拥有出色的说话办事能力的女人都是有非凡魅力的，这种魅力足以让她吸引更多人的注意，从平庸中脱颖而出。因此，一个能言善道的女人，内心会散发出更多的优雅与自信，不但在社交场合中到处受人欢迎，获得别人的好感与赞赏，而且在个人事业上也会获得意想不到的成就。所以，女人一定要锻炼好自己的语言能力，让口才为自己的魅力加分。

1. 交谈要有好话题

当你在路上遇见一个朋友或熟人的时候，一时找不到开场白，找不到好的话题来交谈，那实在是一个相当尴尬的局面。为了你的快乐与幸福，谈话的艺术，是不可不被注意的。首先要选择一个比较适合双方谈话的话题。

话题即谈话的中心。话题的选择反映着谈话者品位的高低。选择一个好的话题，使双方找到共同语言，预示着谈话成功了一半。

2. 交谈时要有好态度

常听见别人这样说："不管他多么有学问，不管他的话多么有道理，可是他的态度不好，我实在不愿跟他多谈。"这是一种普遍的情形。一个人要是没有良好的态度，别人就会讨厌他、避开他、不愿和他谈话，这样的人只会越来越孤立，慢慢失去自己的朋友圈。

那么，什么才是良好的态度呢？

（1）对别人表示友好。如果你对人表现出不屑的神情，对他们所谈的话表示冷淡或鄙视，那么，对方与你交谈的兴致也就消失了。无论别人说的话你喜不喜欢听，同意不同意，对于他个人还是应该表示友好的，一定不要把消极的情绪写在脸上。

（2）对别人的谈话表现得有兴趣。在别人讲话的时候，要很专注地望着他，如果你东瞧西看，或是玩弄着别的小物件，或是翻弄报纸、书籍等，别人就会以为你对他的话不感兴趣。这时，交谈就不能继续，而关系也就受影响了。

（3）谦虚有礼。谦虚有礼不是一种虚伪的客套，更不是说一些不着边际的客气话。谦虚有礼，一方面真诚地尊重对方，关心对方的需要，尽力避免伤害对方；一方面严格要求自己，能对自己的意见与看法带着一种"可能有错"的保留态度，虚心听取别人的意见。

（4）轻松、快乐、富有幽默感。真诚温暖的微笑、快乐生动的目光，舒畅悦耳的声调，就像明媚的阳光一样，可以使谈话进行得生动活泼，使大家谈笑风生、心旷神怡。

富于幽默感的人，常常能使人群充满欢声笑语，有时，一个笑话或是一两句妙语，就能驱散愁云，消除敌意，化干戈为玉帛。

3. 交谈要恰到好处

交谈要恰到好处，就是说既要不亢不卑，又要热情、谦虚，富有幽默感，这样的谈吐才能给别人留下深刻的印象。

谈话时不盛气凌人，不自以为是。即使你是一个很有学识的人，也不要轻视别人，而要用心倾听别人的意见。更何况"智者千虑必有一失，愚者千虑必有一得"，别人的意见不见得完全不可取，而自己的意见也不见得全都可取。如果你总是以高人一等的口吻说话，好像要处处教训别人，这样只会引起别人的反感。反过来，交谈时有自卑感也是不可取的。一个对自己没有信心的人是难以得到别人的重视和信任的。比如在谈话时，你处处都表现得畏畏缩缩，或者显出一副未经世事、幼稚无知的样子，这也是很糟糕的。

女人在交谈时态度诚恳、亲切，是很受别人重视的。如果你碰到一个油腔滑调、说话不着边际的人，你一定会觉得非常不舒服，甚至会反感。因此，在社交时应特别注意自己的言谈。好的口才不仅能够营造一个好的沟通氛围，也能更巧妙地展现出自己的魅力。

不会说赞美的话，就学会倾听

倾听是一种动听的语言，倾听是对别人最好的一种恭维，很少有人拒绝接受专心倾听所包含的赞许。刚踏入社会的女人如果你不能像别人那样，说出很多赞美的话，让对方开心，也可以做一个会倾听的女人善于倾听，就会让你处处受欢迎。倾听同样可以让你成为一个有魅力的女人。因为懂得倾听的女人能够给予别人足够的重视，让对方感受到心理上的满足。另外，懂得倾听的女人往往表现出大度与接纳，散发出女人特有的温情魅力，更容易受到倾诉者的欢迎。

1. 倾听时要有良好的精神状态

良好的精神状态是倾听的重要前提，如果倾听者精神萎靡不振是不会取得良好的倾听效果的，它只能使沟通质量大打折扣。良好的精神状态要求倾听者集中精力，随时提醒自己交谈到底要解决什么问题；听话时应保持与谈话者的眼神接触，但对时间长短应适当把握。如果没有语言上的呼应，只是长时间盯着对方，那会使双方都感到局促不安。

2. 使用开放性动作

开放性动作是一种信息传递方式，代表着接受、容纳、兴趣与信任，意味着控制自身的偏见和情绪，克服思维定式，做好准备积极适应对方的思路去理解对方的话，并给予及时的回应。

热诚地倾听与口头敷衍有很大区别，前者是一种积极的态度，传达给他人的是一种肯定、信任、关心乃至鼓励的信息。

3. 及时用动作和表情给予呼应

作为一种信息反馈，沟通者可以使用各种对方能理解的动作与表情，表示自己的理解，传达自己的感情以及对于谈话的兴趣。如微笑、皱眉、迷惑不解等表情，给讲话人提供相关的反馈信息，以利于其及时调整。

4. 适时适度地提问

沟通的目的是为获得信息，是为了知道彼此在想什么，要做什么，通过提问可获得信息，可以从对方回答的内容、态度等其他方面获得信息。因此，适时适度地提出问题是一种倾听的方法，它能够给讲话者以鼓励，有助于双方的相互沟通。

5. 要有耐心，切忌随便打断别人的讲话

有些人话很多，或者语言表达有些零散，甚至混乱，这时就要耐心地听完他的叙述。即使听到你不能接受的观点或者某些伤害感情的话，也要耐心听完，听完后才可以表达你的不同观点。当别人流畅地谈话时，随便插话打岔，改变说话人的思路和话题，或者任意发表评论，都是一种没有教养或不礼貌的行为。

在别人伤口上撒盐，苦的是自己

女人在说话时，经常会因口无遮拦而触碰到别人的痛处，为自己的人际关系埋下隐患。赞美人本应算好事，但若心直口快，犯了忌讳，好事也会变成坏事。即使赞美者和受赞者关系十分密切，也要注意，不能一时兴起就不管"三七二十一"了，别人有点错误，就揪住不放；如果牙尖嘴利地在别人伤口上撒盐，最后吃不了兜着走的可能是你自己。

郭经理和杨经理很要好，志趣相投，无所不谈，甚至对方的忌讳也是酒后茶余的谈资。

在一次宴会上，郭经理有点儿喝多了，为了表达对杨经理曲折经历和能力的敬佩，他举起酒杯说："我提议我们大家共同为杨经理的成功干杯！总结杨经理的曲折历程，我得出一个结论：凡是成大事的人，必须具备三证！"

接着郭经理提了提嗓门答道："第一是大学毕业证；第二是监狱释放证；第三是老婆离婚证！"

话音刚落，众人哗然，杨经理硬着头皮，脸色铁青喝下了那杯苦涩的酒。这"三证"中的两证无疑是杨经理的忌讳，他不想让更多的人知道，也不想让人们议论，但郭经理与他太好太熟太没有界限了。

这则故事就警示我们，在称赞与自己关系很好的人时，如果是当着其他人的面，千万不要冒犯他的忌讳，毕竟我们每个人都不愿意提那些不愉快的事情。但是有的人口齿伶俐，在交际场上口若悬河、滔滔不绝，假若口无遮拦，说错了话，说漏了嘴，也是很难补救的。故说话应讲究"忌口"，否则，若因言语不慎而让别人下不了台，或把事情搞糟，是不礼貌的，也是不明智的。

女人，说话之前一定要三思而后行，在与人交谈时必须注意以下几点：

（1）不要当众揭人的短。谁都不愿把自己的短处或隐私在公众面前"曝光"，一旦被人曝光，就会感到难堪而恼怒，甚至会迁怒于人。因此在交往中，如果不是为了某种特殊需要，一般应尽量避免接触这些敏感区，以免使对方当众出丑。必要时可采用委婉的话暗示你已知道他的错处或隐私，让他感到有压力而不得不改正。知趣的、会权衡的人只需"点到为止"，一般是会顾全他人的脸面而悄悄收场的。当面揭短，对方说不定会恼羞成怒，或者干脆耍赖，令局面难堪。至于一些纯属隐私、非原则性的错，最好的办法是装聋作哑，权当不知道，千万别去追究。

（2）不要故意渲染和张扬对方的失误。在交际场上，人们难免碰到这类情况：讲了一句外行话，念错了一个字，搞错了一个人的名字等，对方本已十分尴尬，生怕更多的人知道。作为知情者，一般说来，只要这种失误无关大局，你就不必大加张扬，故意搞得人人皆知，更不要抱着幸灾乐祸的态度，拿人家的失误来做笑料，显示你的聪明。因为这样做不仅对你无益，而且还会伤害对方的自尊心，你就可能多了一个怨敌，少了一个朋友。同时，这也有损你自己的社交形象。人们会认为你是个刻薄饶舌的人，会对你反感、有戒心，因而敬而远之。所以渲染他人的失误实在是一件损人而又不利己的事。

（3）给别人留余地就是给自己留余地。在社交场合中，有时会遇到一些竞争性的文体活动，比如下棋、乒乓球赛等，尽管只是一些娱乐性活动，但人的竞争心理总是希望成为胜利者。一些"棋迷""球迷"就更是如此。有经验的社交者，即使在自己取胜把握比较大的情况下，往往也不把对方搞得太惨，而是适当地给对方留点儿面子，让他也胜一两局。尤其在对方是老人、长辈的情况下，你若图一时之快，让他狼狈不堪，丢了面子，有时还可能引起意想不到的后果，让你无以应对。

其实，只要不是正式比赛，作为交流感情、增进友谊的文体活动，又何必酿成不愉快的局面呢？在其他事情上也一样，集体活动中，你固然多才多艺，但也要给别人一点儿表现自己的机会。口下留情，脚下有路，不要轻易在别人的伤口上撒盐，不然最终苦的是自己。

从话里听出话外音

有些话，女人有时需要细细揣摩，不然就会给自己带来不必要的困扰。有些人有很强的自尊心，有时候喜欢通过说些客套话来提升一下自己在别人心目中的形象。如果你不能从他们的场面话里听出其真实的意图，或者天真地把客套话信以为真，就可能经常曲解他们的意思，使自己处于被动的地位。如果对那些场面话抱有太大的希望，时时放不下，就会影响自己的心情。比如，一个小气的男同事，经常抛出社交辞令客套邀约："哪天我请大家吃饭！"如果你真对这顿饭抱有希望，最终必然会失望。

不过，有时候客套话也是一种生存智慧，不仅男人需要说，我们女人也应该会说。但前提是，只有你听懂了他们的场面话，才能充分利用，最终皆大欢喜，否则便常常会被客套话伤害。

雪华毕业后在外地某中学教书，她一直想找机会调回本市，一天她的一个好朋友告诉她，市一中正好缺一个语文老师，看她能不能调回来。雪华东打听西打听，还真打听到有一个远房亲戚在市教育局上班，虽然不是一把手，但还是能"说上话"的，于是她拿了点东西便去拜访这位从未谋过面的亲戚。

他看上去还挺斯文的，不愧是文化部门的，对雪华也很热情，当面拍胸脯说："没问题！"雪华一听这话，便高高兴兴地回去等消息，谁知几个月过去了，一点消息也没有，打电话过去，他不是不在就是正在开会。后来那个朋友告诉她，那个位置早已被别人捷足先登了。雪华一听这话，非常生气地说："自己没本事你早说啊，我还可以想别的办法，这不是害我吗！"事实上，那位亲戚只不过说了一句场面话，雪华却信以为真了。

有些人的客套话有的是实情，有的则与事实有相当的差距。听起来虽然不实在，但只要不太离谱，听的人十之八九都会感到高兴。诸如"我全力帮忙""有什么问题尽管来找我"等，人们经常把这些话挂在嘴边，因为他们觉得，当面拒绝别人自己会很没面子，所以用客套话先打发，能帮忙就帮忙，帮不上或不愿意帮忙就再找理由。

因此，对于人们拍胸脯答应的场面话，你只能持保留态度，以免希望越大，失望也越大。因为人情的变化无法预测，你既测不出他的真心，只好先做最坏的打算。

总之，对于别人的客套话，一定要保持清醒的头脑，否则可能会坏了大事。对于称赞、同意或恭维的场面话，也要保持冷静和客观，千万别因别人的两句话就乐过了头，从而影响你的自我评价。要知道，客套话里有门道，女人不要太计较，不然最后受伤害的还是自己。说场面话只是一种交流技巧，会听才是大智慧。

第四章　心中有尺，智慧女人说话有分寸

不该说的"四话"

传说王安石的小儿子王元泽从小口齿伶俐，常常以惊人妙语博得四座叫绝。有一次，客人要考他，指着厅里的笼子问他，人家都说你聪明，告诉我，这笼子里关的两只兽，哪是鹿，哪是獐？王元泽从未见过这两种动物，便发挥"口才"，说道：獐旁边的是鹿，鹿旁边的是獐。果然博得满堂喝彩。

其实，王元泽在这里答非所问，算不得高明，充其量是耍点小聪明而已。他根本没有见过这两种动物，不肯承认无知，又卖口乖，可谓"说风"不正。

说话禁忌多，而常有人犯说假话、说大话、说空话、说套话的错误，对此我们不能掉以轻心。

1. 不说假话

我国人民历来赞颂说真话的美德，反对说假话。因此，《韩非子·外诸说左上》中关于曾子教子的故事，一直流传至今。

曾子的妻子要去市集，孩子哭着也要跟去。曾子的妻子哄他说，你在家等着，等回来给你杀头猪吃。等妻子回来后，曾子为了让孩子相信母亲的诺言，把妻子开玩笑说的话付诸实施，将猪杀了，在孩子眼中维护了母亲诚实的形象。

曾子的妻子是有意骗孩子吗？恐怕未必。但起码可以说，她没有意识到这种哄孩子的教育方式有多么深的危害性。一次谎话可以使孩子从小沾染不必负责的不良习气。曾子的行动虽近乎愚拙，也未必有效，但他坚持了最可贵的精神——不说假话。

一个不说真话的人事实上是不能与人沟通、交流的，即使在

一段时间内可能获得某种交际效果，但最终还是要付出代价的。

然而，在现实生活中，说真话不是任何人在任何情况下都能办到的，特别是在交际环境不正常时更是如此。

有时，说话人受某种环境的制约，在进行言辞表达时，也可能在"真实"上打一些折扣。应当说，这是一种说话的策略，与我们所强调的真实性原则是有区别的。

2. 不说空话

吹肥皂泡是孩子喜爱的游戏，一个个大大小小的肥皂泡在阳光下闪耀着五彩的光泽，随风飘荡，异常美丽，但升不了多高，就一个接一个破了。因此人们常常把说空话比作吹肥皂泡，实在恰当不过了。空话总是充塞着各种动听、虚幻而迷人的词句，却没有半点实在的内容，它迟早会被揭穿的。

有一次，列宁参加一个会，议题是讨论关于彼得格勒的工业恢复计划的问题。人民委员施略普尼柯夫作这一问题的报告时，用了许多美丽动听的词句，描绘出一幅十分诱人的前景。作完报告后，洋洋自得的施略普尼柯夫认为那些精彩的演说词必定会受到列宁的称赞。可是列宁却向他提了几个问题：目前在彼得格勒有哪家工厂生产钉子？产量多少？纺织厂的原料和燃料还能保证用多少天？这些简单的问题把作报告者问得张口结舌，只好老老实实承认没有下去看过。列宁批评说："谁需要你们那些大吹大擂毫无保障的计划？针线、犁、纺织品在哪里？你们如何为农村保证生产出这些东西？你不能回答这些问题，原因只有一个，就是实际的计划工作被你们用漂亮的言辞和废话代替了，这是欺骗。"

3. 不说大话

为了让人留下印象而夸大事实，常常反倒造成了负面印象，因为真相迟早都会被揭穿。

甲用暴发户的口气告诉乙："我把100元大钞往柜台上一扔，

要店员把领带给我包好。"

乙听了禁不住想笑，因为当时他也在场，知道店家还找了甲30元，此君的说法非但有违事实，竟还大言不惭地说自己将钱扔在柜台上，对店员颐指气使，实在俗不可耐到了极点。

说话的态度正可显示我们的修养，客观说话正是品质的表现。

4. 不说套话

还有一种令人反感但又常听到的话就是套话，我们也要坚决杜绝。

长期以来，形式主义的恶习禁锢着一些人的头脑，他们惯于用一些现成的套话来代替自己的语言，用一些流行的名词代替自己的思想，三句不离口号，颠来倒去几个名词，既没有思想性，又没有艺术性。前些年，有人作报告一开口就是"国内形势一片大好"，然后就是社论式的语言，结尾又离不开"奋勇前进""争取胜利"之类的话，由于没有切实生动的内容，没有独特的语言，使人感到单调干瘪。

苏联的教育家加里宁曾讽刺过那些说套话的人，他说："什么叫作现成话呢？这就是说，你们的脑筋没有起作用，而只是舌头在起作用。说现成的套话不能使人产生印象。为什么呢？因为这话用不着你们说，大家也知道了。你们害怕若按照自己的意思来讲话，那就会讲得不漂亮，其实你们错了。"

总之，"四话"危害性很大，它们使人沉浸在一种夸夸其谈的恶劣氛围中，如果"四话"不除，很难锻炼出良好的口才。

不揭他人短，给人留台阶

世界上没有十全十美的人，每个人总有自己的弱点、缺点或污点，在谈话时一定要避开对方所忌讳的短处，因为忌讳心理人皆有之。如果在交际场合揭人家短处，轻则遭人冷眼，重则可能引发事端，祸及自身。

老任身材高大、外形俊朗，美中不足的是中年微秃。虽然这纯属白玉微瑕，老任却深以为憾。如果有人戏说他"怒发难冲冠"，他准会茶饭无味，三天三夜难以入睡；即使在他面前无意中说"这盏灯怎么突然不亮了"或"今天真是阳光灿烂"等话，这位平素温文尔雅的知识分子也会愤然变色，有时竟至于怒目圆睁，拂袖而去，弄得说话者莫名其妙，十分尴尬。

这使人联想到鲁迅笔下的阿Q。阿Q惯用精神胜利法安慰自己，因而少有耿耿于怀之事。别人欺他、骂他、打他，他都善于控制自己，心理很快会平衡，唯独忌讳别人说他"癞"，因为他头皮上确有一块不大不小的癞疮疤。只要有人当着他的面说一个"癞"字，或发出近于"癞"的音，或提到"光"、"亮"、"灯"、"烛"等字，他都会"全疤通红地发起怒来，口讷的便骂，力小的便打"。

其实，不仅老任和阿Q是如此，忌讳心理人皆有之。当过长工、后来揭竿而起并终于称王的陈胜就忌讳别人说他是庄稼汉出身。有几位患难弟兄在陈胜面前不知趣地提起"有损领袖形象"的往事，结果招来杀身之祸。你看，陈胜的忌讳心理是多么强烈，这几位患难弟兄因不谙忌讳之术而丢了脑袋又是多么可悲！

摩洛哥有句俗语叫："言语给人的伤害往往胜于刀伤。"这是实情。同事之间为搞好关系，不要揭人短处。

揭短的言语不论是对人或对事，都会让人受不了，会使人际关系出现阻碍。同事们宁可离你远远的，免得一不小心被你的直言直语灼伤；即使不能离你远远的，也要想办法把你赶得远远的，眼不见为净，耳不听为静。

一天，在公司的聚会上，张先生看到一位女同事穿了一件紧身的新装，与她的胖身材很不相称，便直言直语道："说实话，你的这件衣服虽然很漂亮，但穿在你身上就像给水桶包上了艳丽的布，因为你实在是太胖了！"

女同事瞪了张先生一眼，生气地走开了，从此再也没有理过他。

揭短犹如一把利剑，在伤害别人的同时，也会刺伤自己。

俗话说"打人不打脸，骂人不揭短"。人既是最坚强的，也是最脆弱的。尤其是当一个人觉得他的自尊受到伤害，他将要颜面扫地时，他的潜能就会爆发出来，他会死要面子，死"扛"到底。因此，在说话交谈时，必须注意不能一味地揭他人伤疤。

传说清朝乾隆年间，杭州南屏山净慈寺有一名叫诋毁的和尚。人如其名，这和尚聪明机灵，又心直口快，常常议论天下大事，指点江山、激扬文字，少不了对朝政指指点点，而且有什么说什么，想讲就讲，想骂就骂。

后来，乾隆下江南时来到杭州，听说了此人。乾隆心中不悦，暗想：天下竟有如此狂妄之人，我去会会他，只要让我抓住把柄，我就狠狠地治治他。

于是，乾隆便乔装打扮一番，扮作秀才模样来到了净慈寺。

乾隆找到诋毁和尚，相互寒暄一番。忽然，乾隆看见地上有一些劈开的毛竹片，便随手捡起一片问道：

"老师父，这个叫什么呀？"

按照当时的说法，这种竹片叫"篾青"，就是"灭清"的谐音。诋毁刚想回答，觉得有点不对劲，再看看眼前这位秀才，气宇轩昂，不像是个普通的秀才，于是眼珠一转，答道："这个我们都叫它竹片。"

乾隆一听，心中赞叹：好个竹片，和尚你有两下子。但乾隆不甘心，随即将竹片翻过来，指着白的一面问："老师父，这个又是什么呢？"

"这个嘛……"诋毁心想，若回答"篾黄"又是"灭皇"的谐音，肯定不妥，便改口道："噢，我们管它叫竹肉。"

乾隆又失败了。

从这个小故事中我们可以看出诋毁和尚的机智。其实每个人都一样，如果多注意回避他人忌讳的东西，就能省去很多不必要的麻烦。

凡是弱点、缺点、污点，一切不如别人之处都可能成为忌讳之处。总结起来，有3个方面一定要多加注意。

1. 丑陋之处

人人都有爱美之心，不幸的丑陋者和残疾者大多有自卑感，不愿听到跟自己的短处有关的话题。谢顶者忌说"亮"，胖子忌说"肥"，矮子忌说"武大郎"，其貌不扬者忌说"丑八怪"，跛子忌说"举足轻重"，驼背忌说"忍辱负重"等等。这种完全正常的心理应该得到充分理解。

有生理缺陷的人本来就很痛苦，如果再被别人拿来取乐，会给他们造成很大的伤害，这样很容易激怒他们。比如有的人很胖、有的人很瘦、有的很高、有的又很矮、有的人长得很丑等等。这些本是有目共睹的事实，别人不提也罢，但是如果以讥讽的口气当众指出时，就会使人感到难堪，产生不满。

报上曾有过一则新闻：一位女中学生，只因为有人说了她一声"胖女人"，羞愧之极，竟绝食身亡。

有时候，说话者由于不小心而在言辞中触及他人的生理缺陷，人家虽然当面没对你发火，但心里却在记恨你。

有些人因不明情况而在谈话内容中无意触到对方短处，还情有可原，因为不知者不为罪，可有人偏偏口下无德，爱揭人短处。

这种人，时时处处注意他人的生理短处，拿来取笑，可也要小心自己有把柄被别人抓住，后患无穷。即使伤了别人，对自己也不见得有多少好处，还是少说这类话为佳。

2. 失意之处

人生在世，总希望自己能一帆风顺、有所作为，实现人生的价值。但是，月有阴晴圆缺，人难免有失意之处，或高考落榜、或恋爱受挫、或久婚不育、或夫妻反目、或就业不顺利、或职称评不上，诸如此类的失意之处暂时忘却倒也轻松，有人有意无意提起就使人心灰意懒，沮丧不已。万事如意、踌躇满志之人则多以昔日的失意为忌讳，生怕传播开去，有失脸面。

3. 痛悔之事

人的一生中免不了要犯这样或那样的错误，而一旦认识错误便会痛悔之至，以后一想起自己曾犯过的错误就自觉脸上无光。犯过品质错误（如曾有偷窃行为或生活作风问题）者更是讳莫如深，如果听到有人说起类似的错误，就会有芒刺在背、无地自容之感。

在人生道路上人人都难免失足、犯错误，只要改了就好。有些问题一旦改正了，成了历史，当事人就不愿意提及这不光彩的一页，更不希望有人拿它当话把儿，到处去说。如果有人拿这些问题做文章，就等于在人家伤口上撒盐，就有损于人家的名誉，这也是不能容忍的。

有一位青年工人，小时候不懂事，曾犯过错误被劳教一年。从此他接受教训，参加工作后，他严格要求自己，积极工作，多次受到表扬，后来当上了车间的一个组长。可是有人不服气、不服管。有一次，小许在工作中私自外出被他发现，便提出批评。小许不服气，揭人家的短说："你是多大个官呀？还想管我？一个劳教释放犯，哼！"要是说别的他也许并不急，可是揭过去的疮疤他就急了，火气十足地说："你再说一遍！""我就说，劳教释放……"没等他说完，组长的拳头就打了上去。

翻人家的污点，触及人家的短处，不管是有意还是无意，对己对人都是不利的，我们在交际时应该小心这一点。

滑稽≠幽默

很多研究表明，在演讲中运用幽默是有益处的。最重要的一点是听众喜欢具有幽默感的演讲者，也许听众不会自动将演讲者的话视为真理，但是他们会更乐意接受演讲者所传达的信息。

将幽默巧妙地融入演讲中，能把听众的注意力吸引到主要观点上。社会学研究表明：人们对于融入笑话或者逸事中的信息的记忆时间要长于对于纯粹信息的记忆时间。许多演说家追求的理想境界是将观点融入一个笑话中，当听众记住这个笑话并将它讲给别人听时，他们会很自然地记住其中的观点。

因此一个初次登台演说的人，常认为自己应该像一个演说家那样带有幽默性，即使他在平时言行庄严，但是，当他站在讲台上要讲话的时候，一开始就想先讲一则幽默故事，尤其是在饭后举行演讲时，更易发生这种情形。结果，他自以为十分得意的作风竟会使听众感觉到像读字典一样乏味，他的故事根本不会引起人家的兴趣。

遗憾的是有很多人把滑稽与幽默混为一谈，其实滑稽和幽默是不同的。滑稽是一些笑话或有趣的动作等，而幽默是一种更高层次的智慧积淀。那些在马戏团、喜剧俱乐部工作的人具有滑稽的天赋。但是我们都知道，一个具有幽默感的人甚至可能不会讲笑话。他不会使你开怀大笑，但是能让你感到气氛很友好，博得你的浅浅一笑。这恰好是你在演讲中应努力达到的境界。你要学会在演讲中运用幽默感，而不是用笑话展现自己滑稽的一面。

你听说过哪一个演讲者以一个毫无意义的笑话开始他的演讲？如果演讲者在演讲开始讲一个毫无意义、毫不相关的笑话，听众会有什么反应呢？可能这个笑话很滑稽，你会开怀一笑。即使是这样，这个笑话也只是分散一下听众的注意力，因为它对演讲毫无帮助，只是在浪费时间。

另一种糟糕的情况是听众对演讲者讲的笑话没有反应，这称作笑话的"炸弹效应"。听众都明白演讲者的意图，试图展现滑稽的一面，但是没有人回应，这时演讲者会在一片寂静中感到很紧张，听众也会感受到这种紧张的气氛（听众甚至会看到演讲者脸上渗出的汗珠）。在这种情况下，演讲者就陷入到笑话炸弹效应的尴尬境地中了，而且很难摆脱。

一个舞台上的演员，如果他对观众说了几则自以为幽默而实际上乏味的故事，他立刻会被喝倒彩并驱逐下台。当然，演讲台下的听众要文雅得多，他们比较具有同情心，但是他们虽然被同情心驱使勉强在表面上克制着，或不至于对演说者发出嘘嘘声，心里却不禁要为他的演说失败而深感失望！

整个演说中，没有比让听众高兴得发笑更为困难的。幽默是一件十分微妙的事，和一个人的个性有着密切的关系，有的人生来就有这种天赋，但有的人却没有。一个没有幽默天赋的人，如欲勉强做得幽默，就如一个碧眼的人想把他的眼睛改成黑色一样。

要知道，一个故事的趣味很少含在故事本身里，故事之所以有趣，完全得看讲故事的人是怎样的讲法。100 个人同讲一个幽默的故事，有 99 个人是要失败的。如果你确知你是一个具有幽默天赋的人，你就应该努力培养你的这份天赋，使你无论到什么地方都备受欢迎。但是，如果你的天赋不在这方面，而你硬要去学幽默，就是"东施效颦"，愚不可及了。聪明的演说家们从不会为了只想幽默而讲一则故事。幽默有如糕饼上的糖霜，而不是饼本身，所以只能巧妙地穿插一些在演说里面。例如，驰名美国的幽默演说家利兰，为自己定了一个规矩，在开始演说后的 3 分钟内绝不讲述故事，这个规矩也值得我们效法。

另外要强调的是，使用伤害性的幽默也属假作幽默之列。有的人为了表现幽默，不惜使用一些令人反感的言辞，以牺牲感情为代价，结果只会适得其反。幽默本来应该是演讲者与听众之间的桥梁，然而在此却变成了一种伤害，这不能算作是真正的幽默。

因此，首先应该尽量避免有关个人性别和种族的笑话，这是一个基本常识，很多人认为种族和性别问题是很令人反感的。能够起控制作用的不是演讲者的想法，而是听众的感受。可能有些人会很反感你讲的笑话，而这些人实际上并不是笑话的攻击对象。这里要提醒一下：有关艾滋病的笑话同样令人反感。

假如你正在听笑话，并且你是爱尔兰人，而笑话正是有关爱尔兰人的，你的感觉如何？专家们建议不要使用这种话题的笑话，但是有些人还是要冒险使用。请你牢记一点，你是想利用幽默交友，而不是树敌。

其次，你听过演讲者使用"男女混合公司"这个短语吗？演讲者可能是这么说的："我知道一个笑话，但是我不能在男女混合的公司里讲。"应避免说这个短语，因为它的使用要考虑听众的性别。如果公司中只有男性职员，演讲者可以讲这个笑话，因为它只会冒犯女性而不会使男性职员反感。

很多女性都反感黄色幽默。所以辞典中将"男女混合公司"定义为具有高雅品位和低俗品位的人的混合。通常听众不全是由低俗的人组成的，如果你总是在男女混合公司里讲黄色笑话，肯定会冒犯听众的。

最后，"讽刺"这个词起源于古希腊，在文学作品中被演化成"摧残肉体"。现在人们已经很少使用讽刺这个词了，但是这并不意味着它已经被人们完全遗忘了。那些使用大量讽刺性质笑话的演讲者的主要目的是显示他们的智慧，不幸的是，这些伤害人的话语只能表现演讲者邪恶的一面。

虽然讽刺有时可以用来有效地攻击演讲者与听众的公敌，但是这并不意味着听众可以坦然地面对讽刺。听众都知道讽刺随时会转向他们，尤其是在他们提出敏感话题的时候。面对尖刻的演讲者，听众会感觉很不自在。很多演讲者利用幽默来缓解紧张气氛，讽刺则会起到相反的作用。

那么，难道演说的开头应该严肃吗？不，如果你能够，不妨在开头先引用几句名演说家说过的话，或是谈一些涉及当时的事情使大家发笑，或是故意夸大地批评一些矛盾的事。这样的幽默比引用那些引人发笑的故事有更多的成功机会。

引人发笑的最简单的方法，是讲一些关于你本人可笑的事情，把自己说得十分可笑，而又装得好像有些发窘，那么听众的心理，恰如见到一个人因果皮滑了一跤，或一个人正在拼命追赶他那被风吹走的帽子一般，觉得十分好笑。

瞅准对象说好话

讲话的目的是为了让别人听，要使人家能听懂、听清、听进去，你就应该注意说话的对象。

每一个人在社会中都扮演一些不同的角色，而不同的角色使人在心理上、在意识上等方面有一些不同的特点，而由此又决定了人们对于语言表达的内容、方式的选择和接受的某些取向。

正因为如此，同一个意思，不同的人可能就会采取不同的表达方式，而我们这里尤其强调的是同样一句话，不同的人听来，会有不同的甚至是截然相反的反应。

这样，说话要看对象就成了口语交际中必然而又重要的要求了。如果忽略了或无视这一要求，就必然会给交际带来不好的影响，甚至还会使交际无法正常进行。

人与人之间的差别是多方面的，就口语表达和接受而言，最大的现实差别主要有以下几个方面，而口语交际中的"不看对象"，也主要表现为对以下一些方面的"不注意"。

1. 不注意年龄差异

我们经常可以发现，小孩之间的吵架常常是由于互相诋毁导致的。

"阿军，你为什么又跟小亮打架呢？"妈妈问道。

"谁叫他骂我是个秃子！"阿军愤愤地说。

"你长得真像个包子！"一个小男孩对旁边的女孩说。

女孩马上反驳道："你以为你长得美呀，哼，芦柴棒一根！"

年龄的不同，会导致听话者对话题反感的程度不同。像小孩，你就不能指责他；而对于老人，最忌讳提及"死"字。

2. 不注意语言差异

世界上有许多种语言，受各方面因素的限制，大部分人只能掌握和运用本国或本民族的语言。即使是本国或本民族语言，还存着方言不同的问题。如汉语，使用它的人遍布全国各地，但每个地区都有自己的方言，这给口语交际带来了极大不便。同样的话在不同的地区可能会有不同的意思，所以说，交谈时要注意对象在语言上的差异。

有些人不注意这一点，在不同地域的人面前也用方言，结果闹出笑话，有时候甚至会产生不良后果。

有这样一个笑话，说是有个广州人在北京排队买东西，他对站在最后的一位女青年说："同志，你最美（尾）吧？"结果，那个女青年白了他一眼。那个广州男子见她不出声，就顺口又说一句："我爱（挨）你站着！"这一下可把那个女青年惹火了，劈头盖脸就骂："你这个人怎么回事，想要流氓吗？大白天的，又不认识你，什么'美'呀！'爱'呀！想到派出所去是不是……"那个广州人挨了一顿骂，有口说不清。后来，一位到过广州的女同志才给那个女青年解释清楚了。原来那个广州人说的是："同志，你排的是最后一个吧？"他把"最后"说成"最尾"，"尾"字和"美"字，广州人用普通话表达不容易分得清；同样，"挨"和"爱"字也容易混淆。

我们国家疆土辽阔，文字同而言语异，南人不习北语，北人不懂南话，这不仅影响了社会交际，而且每每闹些误会，令人啼笑皆非。上述故事正反映了这种现实。

可见，进行口语交际时，如果不注意交际对象在语言上的差异是会妨碍交际的。

3. 不注意文化层次差异

一位大学毕业生分到一家厂子工作，起初感觉不错，但没过几个月，发现车间主任对他越来越冷淡了，他很迷惑。后经一位好心师傅指点他才恍然大悟，原来他在学校待惯了，说话爱用些术语，像什么"最优化方案""程序化""目标管理"等，而车间主任只上过技校，最烦别人在他面前咬文嚼字、卖弄学识。

到什么山上唱什么歌，当你与不同层次的听话者说话时，你就必须用他所具有的文化水平说话。一般来说，文化层次越高的人越喜欢用一些典雅的言辞。

4. 不注意风俗习惯的差异

由于人们所处的地域不同，所以形成了不同的风俗习惯。不同的交谈对象可能会有不同的风俗习惯。如果不注意交谈对象的风俗习惯，也可能会造成失误，影响交际。

一个美国生意人来到一家公司洽谈生意。美国客商刚走下小车，公司经理迎了上去，一句生硬的英语脱口而出："Have you had breakfast?（您吃过早饭了吗?）"

经理这一问可把美国客商问懵了，他看了看周围的人，又拿出表看时间，很是莫名其妙。他问身边陪同的翻译："这家公司的先生没有邀请我吃饭呀！现在都10点钟了，还没吃早饭吗？"这位翻译突然省悟过来，连忙解释，才避免了一场误会。

原来，在西方国家，如果你问对方吃过饭没有，他们会以为你想邀请对方就餐或吃点东西。假如对方回答"还没有吃过"，你又不发出邀请，对方则会认为你耍弄他们。前面经理的"您吃过早饭了吗"本来是一句典型的中国式客套话，可是外商理解不了，险些造成误会。

此例告诉我们，说话要注意区分对象，注意交际中的习俗，即使客套话也不例外。

5. 不注意心理因素

人们由于性别、年龄、经历等方面不同，造成人与人之间的心理差异。例如有人性格开朗，有人性格内向；有人是多血质，有人是抑郁质；有人爱好玩乐，有人爱好学习……这些都表现出人与人之间的心理差异。交谈时如果不注意这一点，也容易出问题。

切忌"哪壶不开提哪壶"。这是一句老话，指的是在交际中，一方提到了另一方最不想提的话题。而在日常的口语交际中，这样的人确实有不少。

哪壶不开提哪壶是极不明智的，尽管你的出发点可能并不坏，但是绝对不会有好的效果。

跟得意人谈你的失意事，他至多做表面功夫，绝不会表示真实的同情，有时也许会引起误会，以为你是请求帮助，他会预先防备，使你无法久谈。所以要诉苦应向"同病"的人去诉苦，同病自会相怜，可得到精神上的安慰，可以稍解胸中不平之气。你要谈得意事，应该向得意的人去谈，志同道合。若你涵养功夫不够，稍有得意事便要逢人告诉、自鸣得意，结果让人骂你小人得志、笑你沾沾自喜，也许无意中引起别人的妒忌。另外，偶有不如意之事，你觉得抑郁牢骚，有如骨鲠在喉，总想一吐为快，最好的办法是：得意事要放在肚里，失意事也要放在肚里，不要随便对人乱说。

总而言之，你要说话先要看准对方，他是愿意和你说话的人吗？如果不是，还是不说话为妙；这个时候，是你说话的时候吗？如果不是，还是沉默的好。说话的成功与失败与时机有关系，多说话未必当你是能干，少说话未必当你是呆子。

用恰当的方式说恰当的话

在交际中，如果不注意说话方式，所用的说话方式不恰当，对方就会据此误解你的语意。出现理解上的歧义时，可能会造成不良后果，从而影响正常交际，违背表达者的初衷。

讽刺、挖苦是一种有强烈刺激作用的表达方式。它往往是以嘲笑的口吻说出对方的缺点、不足之处，使人当众丢丑，难以忍受，轻则导致对方反唇相讥，重则大打出手，造成很恶劣的后果。

某主任如此议论他的下属："黄×那个人这辈子算是白来了，堂堂大学毕业生，找不上一个老婆，姑娘们见面就摇头。他写的那个文章，就像小学生作文，前言不搭后语，字还没有蜘蛛爬得好。我要是他，早找根草绳上吊了……"

黄×后来听到这些议论，索性在工作时一字不写，利用业余时间写小说、写报告文学。

作为工作中的上级和情感上的朋友，看到下级及朋友身上存在缺点和不足，应该正面指出来，指导他、帮助他，促使他前进，而不应该取笑他。那些总是取笑别人的人往往缺乏自信心，对前途有一种恐惧感，害怕别人看不起自己，因而借取笑别人来释放心中的压抑，试图改善自身的形象。岂不知，这样做恰恰破坏了自我形象，引起他人的反感与对立。

因此，讽刺、挖苦的表达方式不可轻易使用。粗俗谩骂的说话方式也应该予以摒弃。

说话要讲究文明礼貌，这是最起码的要求。口语交际中，说话粗俗不雅、满口脏话，甚至谩骂、恶语伤人等不文明谈吐，是对他人的侮辱，是令人难以忍受的。这种说话方式往往造成不愉快的结果，影响交际，破坏风尚。

比如，在交际中发生了矛盾。有人在气急的情况下，常常骂人，口吐脏话，不管在什么情况下，谩骂都是无礼的行为，都易激怒人。

从表达的语气语调来看，说话方式还有刚柔软硬之分。一般情况下，柔言谈吐，语气温和、用词恰当，如和风细雨，听来亲切，易于被人接受，产生好感。即便是在内容上有违对方的意思，也不至于当场得罪对方。相反，刚烈之言，语气生硬、高声大嗓，如同斥责训教，听来刺耳，使人感到难受、反感，有时甚至说话的内容并无问题，但就因使用了这种刺激人的说话方式，仍然会使人生气、发火、得罪人。

对于一个不同意自己观点的辩论对手，如果说："你这个人不可理喻！"对方必然要做出强烈的反应。

当自己的意见不被对方理解时，就生气地说："和你说话，简直是对牛弹琴！"对方会感到是一种侮辱，与你对抗。

某人要外出，找人代买张车票，他硬邦邦地说："你给我带回一张车票，送到我家去，我要出差，听见了吗？"对方听了这口气，心里会痛快吗？他可能一句话就顶回来："对不起，我今天没有空儿。"

对一个在工作上信心不足的人，同事恨铁不成钢地说："你也太不像话了，人家能做到你为什么就做不到？你也太不争气了！"他马上会不满地接话说："你算老几呀？用你来教训我！"说完拂袖而去。

类似的生硬说法都会在不同程度上得罪人。

生硬话、愤怒话，大多是顺口而出的，没有经过推敲，因而有失分寸是很自然的事。这种语言又多是"言出怒出"，它如同烈火一般，常常起到破坏作用。

每个人都有很强的"自我意识"。在说服对方的过程中，为了不伤害对方的自尊心，就应尊重对方的"自我意识"。

很早以前就听说过，设计相同、质地相同的高级女服，价格越贵越容易销售。一家服饰店的老板讲了这样一件事。有一次，店中刚雇用不久的店员对一位正在挑选西装的顾客劝说道："这边是比较便宜的！"结果这位顾客突然大怒，当老板慌忙跑来之后，她又气势汹汹地说道："什么比较便宜？我又不是没钱，你太没礼貌了！"后来老板赶紧连声道歉才算了事。

这种情况不仅限于商业中，在我们与对方交流的过程中，常常因为没有考虑到对方的自尊心、虚荣心，使用了不慎重的态度或语言而导致失败。尤其是说服自尊心、虚荣心强的人时，这种情况便会成为必然。因此，说话就必须注意不伤害对方的自尊心、虚荣心，而应照顾到对方强烈的"自我意识"，使他接受你的观点。

我们在交谈时常常会犯这样一个错误，就是当发现对方有明显的错误时，会不客气地批评对方说："那是错的，任何人都会认为那是错的！"这样一来，对方的自尊心会受到伤害，而突然陷入沉默。

批评是我们常要做的事，尤其当你是一位长辈或领导时。但我们有些人批评起来简直让他人无地自容，下不了台阶。其实，这种批评方式不但无法达到让他人改正错误的目的，而且有碍于你的人际关系。既然如此，为何还要使用这种"残酷"的手段呢？在生活和工作中，我们不可能没有批评，但要学会巧妙地批评，让他人既意识到自己的错误，并尽快改正，同时也理解你善意批评的意图，使他对你心存感激。或者批评之前先总结一下他人的优点，然后慢慢引入缺点。在他人尝到苦味之前，先让他吃点甜味，再尝这种苦味时就会好受些。

约翰找了一个就是奉承也无法说漂亮的女士为妻，可是几个月之后，他妻子却变得像"窈窕淑女"一般的美丽，简直是判若两人。

这位女士在结婚之前，不知为什么对自己的容貌有强烈的自卑感，因此很少打扮。当时因为是大战刚结束，物质极端贫乏，人们的穿着都很普通。当然，她也太不讲究了。不，不是不讲究，而是认识出现了偏差，认定自己不适合打扮。她有一个非常漂亮的姐姐，这也使她产生了强烈的自卑感。每当有人建议她"你的发型应该……"时，她都怒气冲冲地说："不用你管，反正我怎么打扮也不如姐姐漂亮。"她把自己的容貌未得到赞美的不满情绪转嫁到不打扮这一理由上，并且加以合理化。

到底约翰是怎样说服他的太太，使她发生变化的呢？根据他自己说，当他的太太穿不适合她的衣服时，他什么也不说，但是，当她穿上适合她的衣服时，他便夸奖说"真漂亮"；发型、饰物也是如此。慢慢地，她对打扮有了信心，对于容貌所产生的自卑感自然也消除得无影无踪了。

间接指出别人的不足，要比直接说出口来得温和，且不会引起别人的反感。不管说话的目的是什么，我们都应该采取委婉的方式，这样效果会好很多。

"常有理"最终会变成"常无理"

在日常的许多事情中，没有几件是值得我们以牺牲友谊为代价来换取的。而有些人却偏偏如此做，好像他的精神和时间都不值钱，更不用说感情的损害了。除了彼此都能虚心地、不存半点成见地在某一个问题上专门讨论之外，一切的争辩都是应该避免的，即使这是一个学术性的争辩。

哲学的唯物与唯心争论了两千余年，至今胜负未分；心理学各种理论的争辩也至少有几百年，现在还是不分高下。你可以看书阐述你的主张，但是不可在谈话中处处争辩。才智是可敬佩的，但好胜不是。而且，你应该听过"大智若愚"的话吧！修养高的人，绝不肯轻易与人计较。

留心我们的周围，争辩几乎无处不在。一场电影、一部小说能引起争辩，一个特殊事件、某个社会问题能引起争辩，甚至，某人的发式与装饰也能引起争辩。而且往往争辩留给我们的印象是不愉快的，因为它的目标指向很明确：每一方都以对方为"敌"，试图把自己的观点强加于别人。

你喜欢和人争辩，是否是以为你用争论压倒了对方，就会得到很大的利益呢？你要明白，你必定压不倒对方。即使对方表面屈服了，心里也必悻悻然，你一点好处也得不到，而害处却多了。好争辩，第一，它使你损害了别人的自尊心，令人对你产生反感；第二，它使你很容易犯专去挑剔别人缺点的恶习；第三，它使你变得骄傲；第四，你将因此失掉所有朋友。

请从体育精神做起吧，输了不必引为可耻，而后竭力去学习尊重别人的意见。好胜是大多数人的弱点，没有人肯自认失败，所以一切的争辩都是没有必要的。谈话的艺术就是提醒你怎样游出这愚蠢的旋涡，更清醒地去应付一切。如果能够常常尊重别人的意见，你的意见也必被人尊重，如此，你所主张的就很容易得人拥护，而不必把精神花在无益的争辩上。你可以实现你的主张，你可以左右别人的计划，但不是用争辩的方法来获取。如果你想借某一问题增加你的学识，你应该虚心地请教，而不要企图借助争辩。请记住：争辩是一场漫漫无期的战争。

每个人的见解、主张都是经过长期的生活经验形成的，你不可能在短时间内通过一场争论改变它。因此，当你遇到与别人意见不同的情况时，一方面不要太过心急地要求别人立刻同意你的看法，应该学会理解、同情对方，容许别人做更多的考虑；另一方面也不要因别人的意见一时和自己不同，就说什么"话不投机半句多"，跟人断绝交往，闭口不说话。如果你能很礼貌又很谦虚地听取别人不同的见解、主张，必然会受到人们的欢迎和尊敬。

我们都知道推销员一般能说会道，有好的口才，但这种口才是说服客户或顾客购买自己的产品，而不是让对方承认自己说得有道理。

小王是公司的推销高手，销售业绩连续3年居公司第一，是公司公认的金口才。他刚刚从事推销时的一件事对他触动很大、影响很深。

小王公司生产的产品是一种更新替代型产品，与原有产品相比，功能加强了，售价也不高。小王刚开始去推销时，遇到的第一个顾客可能思想有点保守，接受新事物有些慢，只承认原产品好，对新产品的优点视而不见。小王不服气，他拿出新旧产品的产品说明书，两相对照给顾客讲解；同时又实际进行操作，证明新产品功能确实比旧产品好；然后进行性价比、产品生命周期对比。最终，顾客在小王的攻势下不得不承认小王说得是对的，替代产品确实比原有产品好，但顾客却没有购买新产品。

让顾客认同了自己的观点，小王成功了吗？没有，推销员应该有好的口才，口才体现在让顾客购买自己的产品，而不是让顾客不得不承认你正确。

小王正是从这件事中吸取了教训，经过刻苦的学习和训练，才坐上了公司推销的第一把交椅，成为公认的金口才。

切记："常有理"不是金口才，在谈话中，有输才有赢。给对方留一点空间，也就给自己留下了回旋的余地，离你的目的也就更近了。

当你觉得某些情况下不得不争论一番时，最好先问自己几个问题：

（1）这次争辩的意义何在？如果是一些根本就很不相干的小事情，还是避免争论为妙。

（2）这次争辩的欲望是基于理智还是感情（虚荣心或表现欲等）？如果是后者，则不必争论下去了。

（3）对方对自己是否有极深的成见？如果是，自己这样岂不是雪上加霜？

（4）自己在这次争论当中究竟可以得到什么？又可以证明什么？

心理学家高伯特普曾经说过："人们只在不关痛痒的旧事情上才'无伤大雅'地认错。"这句话虽然不胜幽默，但却是事实。由此也可以证明：愿意承认错误的人是少的——这就是人的本性。

第五章　委婉拒绝，女人说"不"也动听

拒绝求爱这样说

如果爱你的人正是你所爱的人，被爱是一种幸福。但是，假如爱你的人并不是你的意中人，或者你一点也不喜欢他（她），你就不会感觉被爱是一种幸福了，你可能会产生反感甚至是痛苦，这份你并不需要的爱就成了你的精神负担。

别人爱你，向你求爱，他（她）并没有错；你不欢迎，你拒绝他（她）的爱，你也没错。最关键的是看你怎样拒绝。如果拒绝得恰到好处，对双方都是一种解脱，也可以免去许多麻烦；如果你不讲方式，不能恰到好处地拒绝别人的求爱，你就可能犯错误，不但伤害他人，说不定也会危害自己。

你也许曾经有过这样的左右为难，因为对方的条件实在让人爱不起来。但是，由于是你的上司介绍的，或者是上司的子女，使你在拒绝时产生了犹豫，虽然每次见面都会使你感到不舒服、不愉快，你一想到对方的身份、上司的威严，屡次想谢绝却又不好开口。有时候，也许你为了顾全对方的面子而难以开口说个"不"字，或者慑于对方的威严，你不知所措。你被这份多余的爱折磨得痛苦不堪，不知该如何去做。生活中处在这种矛盾中的人太多了。有些人遇到这些情况时不知该如何拒绝，因处理不当，造成了很不好的后果。

那么该如何巧妙而不失体面地拒绝求爱呢？

首先要做到直言相告，以免产生误会，这是非常必要的。

你若已有意中人，又遇求爱者，那么就直接明确地告诉对方，你已有爱人，请他（她）另选别人，而且一定要表明你很爱自己的恋人。同时，切忌向求爱者炫耀自己恋人的优点、长处，

以免伤害对方的自尊心。

倘若你认为自己年纪尚小，不想考虑个人问题，那正好，你可以直言不讳，讲明情况。

其次，倘若你不喜欢求爱者，根本没有建立爱情的基础，可以在尊重对方的基础上婉言谢绝。

对自尊心较强的男性和羞涩心理较重的女性，适合委婉、间接地拒绝。因为有这类心理的人往往是克服了极大的心理障碍，鼓足勇气才说出自己的感情，一旦遭到断然地拒绝，很容易感觉受到伤害，甚至痛不欲生，或者采取极端的手段，以平衡自己的感情创伤。因此拒绝他们的爱，态度一定要真诚，言语也要十分小心。你可以告诉他（她）你的感受，让他（她）明白你只把他（她）当朋友，当同事或者当兄妹看待，你希望你们的关系能保持在这一层面上，你不愿意伤害他（她），也不会对别人说出你们的秘密。

你不妨说："我觉得我们的性格差异太大，恐怕不合适。"

"你是个可爱的女孩，许多人喜欢你，你一定会找到合适的人。"

"你是个很好的男人，我很尊重你，我们能永远做朋友吗？"

"我父母不希望我这么早谈恋爱，我不想伤他们的心。"

如果这些自尊和羞涩感都挺重的人没有直接示爱，只是用言行含蓄地暗示他们的感情，那么你也可以采取同样的办法，用暗含拒绝的语言，用适当的冷淡或疏远来让他（她）明白你的心思。

要记住，拒绝别人时千万不要直接指出或攻击对方的缺点或弱点，因为你觉得是缺点或弱点的东西，对他（她）自己来说也许并不认为是缺点。所以，不能以一种"对方不如自己"的优越感来拒绝对方。特别是一些条件优越的女青年，更不能认为别人求爱是"癞蛤蟆想吃天鹅肉"一推了之，或不屑一顾、态度生硬，让人难以接受。

不过，对于带有骚扰性的某些"求爱"方式，就不必手下留情，一定要果断出击。

如果你是一位美女，你难免会遇到"性骚扰"。随着开放程度的日益提高，许多女性走出家庭，与男子一样，在社会工作中担任着重要的角色，而且敢于展示自己的美，这就招来一些好色之徒，使他们有了非分之想。爱美之心人皆有之，但对美女的垂涎太过分，就成了"性骚扰"。女性遭到来自于男性的性骚扰，如果太过软弱，就会使好色之徒得寸进尺；如果义正词严怒目斥之，就可能陷入麻烦之中弄得自己不开心。比较聪明的办法是，以机智的讥讽言辞使其退却，这是一个两全其美的法子。

试看这位漂亮的少妇是如何抗拒性骚扰的。

一个生性风流的男子，看到了一位漂亮的少妇迎面走过来，便跟在她后面，寻找机会和她搭话，但因素不相识，不好开口。忽然瞥见她手上挎了个提包，于是找到了话题，他嬉皮笑脸地说："请问，您这漂亮的小提包是从哪儿买的，我也想给我妻子买一个。"没想到这位少妇冷冷地说："你妻子有这种包会倒霉的。""为什么呀？"少妇幽默地回答说："因为不三不四的男人会以提包为借口找她的麻烦。"

这位少妇看穿了这个风流男子的意图，但没有揭穿他，而是接过男子的话，以嘲讽而幽默、机智的言辞给了他当头一棒，这个男子见难以得手，只得灰溜溜地逃之夭夭了。

年轻漂亮的女性，单身独处，往往容易受到骚扰。

一位年轻美貌的女子独自坐在酒吧里，被一个油头粉面的青年男子瞧见了，于是他走过来主动搭话："您好，小姐。我能为您要一杯咖啡吗？""你要到舞厅去吗？"她喊道。"不，不，您搞错了。我只是说，我能不能为您要一杯咖啡。"青年男子说。

"你说现在就去吗？"她尖声叫道，比刚才更激动了。

青年男子被她彻底搞糊涂了，红着脸悄悄地走到一个角落坐下。这时几乎所有的人都把目光转向了他，愤慨地看着他。

过了一会儿，这位年轻女子走到他的桌子旁边。"真对不起，使你难堪了，"她说，"我只是想调查一下，看看他人对意外情况有什么异常反应。"

这位聪明的女子的做法真让人叫绝，她故意装糊涂，大声叫嚷，引起别人注意，好色之徒只好灰溜溜地躲开了。

约会是男女开始真正意义上的恋爱的标志，所以，接受别人的约会请求也意味着接受别人的求爱。对于不愿意接受的示爱者，我们首先应该拒绝与其约会，不能因为一时心软而使对方误会，导致真正明确两人关系时牵扯不清，给对方造成更大的伤害。拒绝约会应该有"快刀斩乱麻"的魄力，因为这不仅仅代表对一次约会的推搪，而且暗示着自己对对方的爱情的谢绝，这就要求我们一方面要把握说话的分寸，不损害对方的感情，另一方面要表明心意，断绝对方再次邀请的念头。

找各种各样的借口来推搪约会，使对方体会到拒绝之意。

上课、加班、身体欠安、天气不好……这些都可以成为拒绝约会的好借口。在搬出这些借口的同时，可以有意地露出破绽，让对方从借口的不严密性中明白是在有意敷衍。此外，也可以以委婉的方式暗示自己确实不愿意与对方交往。总之，借口不能找得太严密、太合乎情理，不要让对方误认为是客观原因导致不能赴约，从而把约会的时间推至以后，令自己再次处于被动局面。

张京对同事小洁暗恋已久，这天，他终于鼓起勇气约小洁出来看电影。小洁也觉察到了张京的感情，无奈自己对他实在没有"触电"的感觉，于是对他说："真是对不起。这段时间我正在上夜大的电脑培训班，每天晚上都有课。上完夜大后又要准备英语的等级考试，实在没有看电影的空闲时间。要不，你找刘伟吧，你们哥俩不是常在一起讨论好莱坞的影片吗？"张京听了，只好悻悻而归，从此再也没向小洁提出过约会的请求。

看一场电影只需要一两个小时的时间，如果小洁愿意接受张京的话，怎么也能抽出点时间来赴约，而她的推辞却根本没有流露出任何的遗憾和改日赴约的愿望。想清楚了这一点，张京自然明白小洁的拒绝之意，只得收回自己的感情。

暗示已经有了意中人，使对方知难而退。

由于约会是恋爱的前奏，当对方刚刚提出约会，尚未表露爱意时，可以"先发制人"，间接说明已经心有所属。对方听了之后，明白自己希望渺茫，自然不敢强求，有时甚至会为了避免尴尬，还会找理由取消此次约会。

郭建对新来的同事孙红一见钟情，星期五下午下班前，他打电话给孙红："我听朋友说，这两天香山的枫叶红得最美，你有兴趣和我一起去看看吗？"孙红立刻明白了他的意思，于是笑着答道："哎呀，真是不巧。明天恰好我男朋友的妈妈过生日，我要赶着去拜寿，要不我们改天再叫几个朋友一起去吧？"郭建听了，心里凉了半截，只得敷衍道："那……那就以后再说吧！"

孙红以男朋友的母亲过生日为由，既推掉了郭建的邀请，又表明自己已"名花有主"，郭建只好识趣地知难而退，便不会再提出什么约会的邀请了。

无论如何，在爱情的历程中，当遇到不满意或不能接受的求爱时，最好采用恰当的语言，婉言拒绝，巧妙收场。

多说"不过"和"但是"

有时对方提出的要求有一定的合理性，但因条件的限制又无法予以满足。在这种情况下，拒绝的言辞可采用"先肯定后否定"的形式，使其精神上得到一些满足，以减少因拒绝而产生的不快和失望。例如，一家公司的经理对一家工厂的厂长说："我们两家搞联营，你看怎么样？"厂长回答："这个设想很不错，只是目前条件还没有成熟。"这样既拒绝了对方，又给自己留了后路。

对对方的请求最好避免一开口就说"不行"，而是要表示理解、同情，然后再据实陈述无法接受的理由，获得对方的理解，自动放弃请求。

李刚和王静是大学同学，李刚这几年做生意虽说挣了些钱，但也有不少的外债。两人毕业后一直无来往，忽一日，王静向李刚提出借钱的请求。李刚很犯难，借吧，怕担风险；不借吧，同学一回，又不好拒绝。思忖再三，最后李刚说："你在困难时找到我，是信任我、瞧得起我，但不巧的是我刚刚买了房子，手头一时没有积蓄，你先等几天，等我过几天账结回来，一定借给你。"

先扬后抑这种方法也可以说成是一种"先承后转"的方法，这也是一种力求避免正面表述，而间接拒绝他人的一种方法。先用肯定的口气去赞赏别人的一些想法和要求，然后再来表达你需要拒绝的原因，这样你就不会直接地去伤害对方的感情和积极性了，而且还能够使对方更容易接受你，同时也为自己留下一条退路。一般情况来说，你还可以采用下面一些话来表达你的意见："这真的是一个好主意，只可惜由于……我们不能马上采用它，等情况好了再说吧"；"我知道你是一个体谅朋友的人，你如果对我不十分信任，认为我没有能力做好这件事，那么你是不会找我的，但是我实在忙不过来了，下次如果有什么事情我一定会尽我的全力来支持你"等等。

有的时候对方可能会很急于事成而相求，但是你确实又没有时间，没有办法帮助他的时候，一定要考虑到对方的实际情况和他当时的心情，一定要避免使对方恼羞成怒，以免造成误会。

拒绝还可以从感情上先表示同情，然后再表明无能为力。

黄女士在民航售票处担任售票工作，由于经济的发展，乘坐飞机的旅客与日俱增，黄女士时常要拒绝很多旅客的订票要求。黄女士每每总是带着非常同情的心情对旅客说："我知道你们非常需要坐飞机，从感情上说我也十分愿意为你们效劳，使你们如愿以偿，但票已订完了，实在无能为力。欢迎你们下次再来乘坐我们的飞机。"黄女士的一番话叫旅客再也提不出意见来。

拒绝领导不要让他难堪

领导委托你做某事时，你要善加考虑，这件事自己是否能胜任？是否不违背自己的良心？然后再做决定。

如果只是为了一时的情面，即使是无法做到的事也接受下来，这种人的心似乎太软。纵使是很照顾你的领导委托你办事，但自觉实在是做不到，你也应该很明确地表明态度，说："对不起！我不能接受。"这才是真正有勇气的人，否则你就会误大事。

如果你认为这是领导拜托你的事不便拒绝，或因拒绝了领导会使其不悦而接受下来，那么，此后你的处境就会很艰难。因畏惧领导报复而勉强答应，答应后又感到懊悔时，就太迟了。

领导所说的话有违道理，你可以断然地驳斥，这才是保护自己之道。假使领导欲强迫你接受无理的难题，这种领导便不可靠，你更不能接受。

尽管部下隶属于领导，但部下也有他独立的人格，不能什么事不分善恶是非都服从。倘若你的领导以往曾帮过你很多忙，而今他要委托你做无理或不恰当的事，你更应该毅然地拒绝，这对领导来说是好的，对自己也是负责的。

当然，拒绝领导的要求不是一件容易的事。谁都不愿因此而得罪领导，因为领导有可能掌握你一生的前程。然而，若你知道一些拒绝领导的技巧，就能两全其美，既不得罪领导，又可以表明拒绝之意。不过要强调的是，这些技巧仅限于那些领导的非合理要求。

当领导提出一件让你难以做到的事时，如果你直言答复做不到，可能会让领导有损颜面，这时，你不妨说出一件与此类似的事情，让领导自觉问题的难度而自动放弃这个要求。

甘罗的爷爷是秦朝的宰相。有一天，甘罗看见爷爷在后花园走来走去，不停地唉声叹气。

"爷爷，您碰到什么难事了？"甘罗问。

"唉，孩子呀，大王不知听了谁的教唆，硬要吃公鸡下的蛋，命令满朝文武想法去找，要是 3 天内找不到，大家都得受罚。"

"秦王太不讲理了。"甘罗气呼呼地说。他眼睛一眨，想了个主意，说："爷爷您别急，我有办法，明天我替您上朝好了。"

第二天早上，甘罗真的替爷爷上朝了。他不慌不忙地走进宫殿，向秦王施礼。

秦王很不高兴，说："小娃娃到这里捣什么乱！你爷爷呢？"

甘罗说："大王，我爷爷今天来不了了，他正在家生孩子呢，托我替他上朝来了。"

秦王听了哈哈大笑："你这孩子，怎么胡言乱语！男人家哪能生孩子呢？"

甘罗说："既然大王知道男人不能生孩子，那公鸡怎么能下蛋呢？"

甘罗的爷爷作为秦朝的宰相，遇到秦王提出的不可能做到的请求，却又找不到合适的办法拒绝。甘罗作为一个孩童，能如此得体地拒绝秦王，并让秦王不得不放弃自己的无理请求，实在是大出人们的意料。也正因为如此，秦王才有"孺子之智，大于其身"的叹服。以后，秦王又封甘罗为上卿。现在我们俗传甘罗 12 岁为丞相，童年便取高位，不能不说正是甘罗的那次智慧的拒绝，才使秦王越来越看重他的。

当上司要求你做违法或违背良心的事时，平静地解释你对他的要求感到不安，你也可以坚定地对上司说："你可以解雇我，也可以放弃要求，因为我不能泄漏这些资料。"如果你幸运，老板会自知理亏并知难而退；反之，你可能授人以柄。但假若你不能坚持自身的价值观，不能坚持一定的准则，那只会迷失自己，最终会影响工作的成绩，以致断送自己的前途。

当上司器重你并将你连升两级，但那职务并不是你想从事的工作时，你可以表示要考虑几天，然后慢慢解释你为何不适合这工作，再给他一个两全其美的解决方法："我很感激您的器重，但我正全心全意发展营销工作，我想为公司付出我的最佳潜能和技巧，集中建立顾客网络。"正面地讨论，可以使你被视为一个注重团体精神和有主见的人。

当领导提出某种要求而你又无法满足时，设法造成你已尽全力的错觉，让领导自动放弃其要求，这也是一种好方法。

比如，当领导提出不能满足的要求后，就可采取下列步骤先答复："您的意见我懂了。请放心，我保证全力以赴去做。"过几天，再汇报："这几天×××因急事出差，等下星期回来，我再跟他说。"又过几天，再告诉领导："您的要求我已转告×××了，他答应在公司会议上认真地讨论。"尽管事情最后不了了之，但你也会给领导留下好印象，因为你已造成"尽力而为"的假象，领导也就不会再怪罪你了。

通常情况下，人们对自己提出的要求总是念念不忘。但如果长时间得不到回音，就会认为对方不重视自己的问题，反感、不满由此而生。相反，即使不能满足领导的要求，只要能做出些样子，对方就不会抱怨，甚至会对你心存感激，主动撤回让你为难的要求。

你也可以利用群体掩饰自己说"不"，这不失为一大妙招。

例如，被领导要求做某一件事时，你其实很想拒绝，可是又说不出来，这时候，你不妨拜托两位同事和你一起到领导那里去，这并非所谓的3人战术，而是依靠群体替你作掩护来说"不"。

首先，商量好谁是赞成的那一方，谁是反对的那一方，然后在领导面前争论。等到争论一会儿后，你再出面含蓄地说"原来如此，那可能太牵强了"，而靠向反对的那一方。

这样一来，你可以不必直接向领导说"不"就能表明自己的态度。这种方法会给人"你们是经过激烈讨论后，绞尽脑汁才下结论"的印象，而包括领导在内的全体人士不管哪一方都不会有受到伤害的感觉，从而领导会很自然地自动放弃对你的命令。

对于超负荷工作的要求，你即使是力不能及，也不能马上怒形于色。不妨先动手来做，让事实来证明领导的要求是不可能达到的。

下面是发生在职场中的一件事情：

"小康，请你今晚把这一叠讲义抄一遍。"经理指着厚厚一叠稿纸对秘书小康说。小康听到此言，面对讲义，面露难色，说："这么多，抄得完吗？""抄不完吗？那请你另觅轻松的去处吧！"也许经理正在气头上，于是小康被"炒了鱿鱼"。

小康的被"炒"实在令人惋惜。像她这样生硬、直接地拒绝上司的要求，给上司的感觉是她在对抗，不服从指示，因而扫了上司的威信，被"炒"也就难免了。其实，她可以处理得更灵活些。她不妨这样，立即搬过那一堆稿子埋头就抄起来，过一两个小时后，把抄好了的稿子交给经理，再委婉地表示自己的困难，那么经理肯定会很满足于自己说话的威力，并意识到自己的要求的不合理处，而延长时限；小康就不至于被解雇。

拒绝上司必须把握以下 3 点：

1. 要有充分的拒绝理由

首先设身处地，表明自己对这项工作的重视；然后再表明自己的遗憾，具体说明自己为什么不能接受，比如说："我有件紧急工作，必须在这两天赶出来。"充足的理由、诚恳的态度一定能取得上司的理解。

2. 不可一味地拒绝

尽管你拒绝的理由冠冕堂皇，但是上司也许仍坚持非你不行。这时，你便不能一味地拒绝，否则上司可能会以为你是在推脱，从而怀疑你的工作干劲和能力，以致失去对你的信任，在以后的工作中，有意无意地使你与机会失之交臂。

3. 提出合理的接替方法

对上司所交代的事，你不能接受，又无法拒绝，这时，你可得仔细考虑，千万不可怒气冲天，拂袖而去。你可以与上司共商对策，或者说："既然这样，那么过两天，等我手头的工作告一段落就开始做，您看怎么样？"你也可以向上司推荐一位能力相当的人，同时表示自己一定会去给他出点子、提建议。这样，你一定能进一步地赢得上司的理解和信任，也会为你以后的工作、生活铺开一条平坦的大道，因为上司也和你一样是个普普通通、有血有肉、有感情，也当过职员的人。

把握好以上要点，才能不让自己难堪，也不会失去上司的信任。

从对方口中找到拒绝的理由

在交际过程中，当自己处于不利态势时，为了寻找转机，加强己方的立场，也需要找借口拒绝对方。这时，如果你能灵活机智地用对方的话来拒绝对方，就能使对方不再坚持，从而达到自己拒绝对方的目的。

有一次，萧伯纳的脊椎骨出了毛病，需从脚上取一块骨头来补脊椎的缺损。手术做完后，医生想多捞一点手术费，便说：

"萧伯纳先生，这是我们从来没有做过的新手术啊！"

萧伯纳当然听出了医生的言外之意，但向病人收取额外的手术费显然是不合规定的，萧伯纳不愿意再给医生"红包"，但又不便明确拒绝，便装傻卖愚地顺着另一层意思说下去：

"这好极了！请问你们打算支付我多少试验费呢？"

医生顿时窘住了，只好讪讪地离开。萧伯纳的思维是：既然你要强调这是从来没有做过的新手术，那我的身体便变成试验品了！萧伯纳合理地从对方的话里引出了一个合乎逻辑的相反结论，巧踢"回传球"，让对方哑巴吃黄连——有苦说不出。

有很多的问题，我们还可以巧妙地把对方设置在同样的情景，以此来引诱对方做出他的判断，从而让对方明白自己的处境或意思，巧妙地拒绝对方的要求。

小李从一个朋友那里借了一架照相机，他一边走一边摆弄着，这时刚好小赵迎面走来。他知道小赵有个毛病：见了熟人有好玩的东西，非得借去玩几天不可。果然，小赵看见了他手中的照相机又非借不可。尽管小李百般说明情况，小赵依然不肯放过。小李灵机一动，故作姿态地说："好吧，我可以借给你，不过我要你不要借给别人，你做得到吗？"小赵一听，正合自己的意思。他连忙说："当然，当然。我一定做到。""绝不失信？"小李还追加一句说。"绝不失信，失信还能叫作人？"小赵赶紧表态。小李斩钉截铁地说："我也不能失信，因为我也答应过别人，这个照相机绝不外借。"听到这儿，小赵也是目瞪口呆了，这件事也只有这样算了。

通过设问，抛砖引玉，以对方的回答来作为拒绝的依据，使对方就此作罢。因为人不可以出尔反尔，自我推翻。

小陈是小杨的一个好朋友。有一天，小陈来到小杨的单位，找小杨帮他做一件事，为他的未婚妻报仇。原来小陈的未婚妻被车间主任欺侮了，小陈发誓要为未婚妻报仇，而且还买了一把锋利的弹簧刀，想杀掉那个车间主任，但考虑到车间主任人高马大，自己一个人对付不了他，于是就想请小杨帮忙。小杨听后，心中很明白，尽管那个车间主任不是好东西，应该教训教训他，但如果感情用事将他杀了，那是会犯罪的。因此，小杨决定拒绝小陈，也不能让他办错事。他问小陈："你爱你的未婚妻吗？"

"爱，当然爱，如果不爱我才不管这事呢。"小陈回答说。

"这就好，爱一个人不容易，真正爱上一个人，是不管她遇上多么大的不幸，都会永远爱她，并且在她遇到不幸时还要帮她解脱出来。如果你将主任杀了，只是感情用事，这不是爱她，是在伤害她，使她更伤心。她也不会为此而感谢你，相反会恨你。坏人总是要受到惩处的，这要靠法律。车间主任的行为是犯法的。这样吧，我帮你和你的未婚妻用法律的手段来惩处车间主任吧。我相信，法律会给你们一个满意的答复的。"

小陈听了小杨的一番话，放弃了报仇的想法，最终用法律惩处了那位车间主任；而小陈也非常感谢小杨对他的帮助。

小杨先拿到一个肯定的答案：小陈爱自己的未婚妻。既然是爱，那就应该采取一种正确的态度和方式来帮她摆脱困境。小杨透彻地阐释了什么才是真正的爱，如果小陈还不放弃报仇的想法，那就说明他并不爱自己的未婚妻。因此，小陈只好放弃了找小杨协助犯罪的念头。

在寻求拒绝的技巧过程中，要知道，拒绝对方最有力的武器往往是对方自身。我们应该懂得引导对方的谈话，从对方口中找到自己拒绝对方的理由。

巧妙利用"沉默"和"答非所问"

对一些不合理的要求、无法做到的要求或自己不愿意允诺的要求，本来是应该拒绝的，只是由于人情关系、利害关系等，很难说出一个"不"字。

你可以以沉默来表示拒绝。狭义的沉默就是徐庶进曹营——一言不发，即缄口不语。广义的沉默则是不通过言语，而是综合运用目光、神态、表情、动作等各种因素，或明或暗地表达自己的思想感情，这是拒绝艺术中一种最常见的手段。

在处理问题时，沉默具有丰富的内涵，作用也十分明显。

一是沉默可以用来避免冲突升级。

当人们被拒绝时难免会产生不良的情绪，甚至会与拒绝人产生激烈冲突。当一方怒火冲天、严厉责备时，另一方应保持沉默，即使有理也暂时不争，以免火上浇油，使冲突进一步升级。这样既维护了对方的尊严，又避免了矛盾激化，还为进一步向对方陈述自己的观点留了余地。保持沉默，不仅可以避免矛盾激化，保全对方面子，而且也可以显示出你的豁达大度和良好修养。有时，面对一些难处理的问题，如果保持沉默，并伴以严厉的目光、严肃的神情，就可能会产生一种威慑作用，使对方迅速警醒，从而很快明白自己的要求不够合理。

二是沉默可以用来做暗示性表态。

沉默有时候是模糊语言，不置可否，但在特定的背景下，其实就是明确表态。如果对方提出一种意见或处理办法，而你却不敢苟同，但出于全面平衡关系的考虑，你又不能明示反对，这时的沉默看似不偏不倚，但聪明人却可意会神通，知道自己的要求令你为难，十有八九办不成。其实沉默就是不同意、不支持。此时彼此心照不宣，也不用固执己见，伤了和气。

在有的场合，对对方的提问不管做出怎样的回答，都于己不利，这时不妨佯装没有听见、没有看到，不做任何表示，也是一种行之有效的方法。1953 年 6 月，已 79 岁的英国首相丘吉尔到百慕大参加英、法、美三国会谈。他以自己年事已高为借口，时常装聋，在需要回避的问题上就装作没有听见，不予回答，在感兴趣的问题上就与美国总统艾森豪威尔和法国外交总长皮杜尔讨价还价，使与会者颇感头痛。艾森豪威尔幽默地说："装聋成了这位首相的一种新的防卫武器。"

然而有的时候采取一种答非所问、话不投机的做法，比光是沉默来得更有效。

有这样一个例子：

一位名叫宫一郎的青年去拜访广源先生，想将一块地卖给他。

广源听完宫一郎的陈述后，并没有给出"买"或者"不买"的直接回答，而是在桌子上拿起一些类似纤维的东西给宫一郎看，并说："你知道这是什么东西吗？"

"不知道。"宫一郎回答。

"这是一种新发现的材料，我想用它来做一种汽车的外壳。"广源详详细细地向宫一郎讲述了一遍，谈论了这种新型汽车制造材料的来历和好处，又诚诚恳恳地讲了他明年的汽车生产计划。

广源谈的这些内容宫一郎一点儿也听不懂，摸不着头脑，但广源的情绪感染了宫一郎，他感到十分愉快。广源在送宫一郎时顺便说了一句：不想买那块地。

广源的高明之处在于他没有一开始就回拒宫一郎，如果那样，宫一郎就一定会滔滔不绝地劝说他买那块地。而广源采取了答非所问的做法，装作没有听见宫一郎说的事情，把话题引到其他地方，没有给他劝说的时间，在结束谈话时才拒绝，这不失为拒绝他人的好方法。

还有一种方法是：将问题丢给时间。当你无论如何实在无法拒绝对方的时候，就先接受他的要求，然后再假装忘记。

"对不起，我忘得一干二净了！"

"你叫过我帮你什么吗？"

这一招只要一句"忘了"就能轻松搞定一切，因此我们常会用上它。然而，虽然它用法简单，但如果仔细想想，这招实在不值得推荐。这招容易使对方不悦，甚至会被人认为是一个"随随便便、马马虎虎"的人。再说，别人会请你帮忙做的事，多半都是非做不可的事，因此在他对你死心、转而去找其他人帮忙之前，要"一直"忘记似乎也不太容易。

不过，不管是真忘还是假忘，在公司里像这种"忘记委托"的人，其实还真不少。

找一个替身代你说"不"

有一次，老张的一位好朋友的孩子，4岁的毛毛，一手拿苹果、一手拿橘子，跑到老张面前炫耀。老张故意逗他说："毛毛，伯伯的嘴好馋。你看，你是愿意把苹果给伯伯吃呢，还是愿意把橘子给伯伯吃？"毛毛听了老张的话，很快就出人意料地回答："伯伯你快去，妈妈那里还有！"

啊，这小家伙的回答真是太绝了！他并没有直截了当地拒绝，但让人无法从他那里捞到一点油水，因为他想到了一个替代方案来拒绝别人。

这个例子，显示了替代方案的妙用。他没有正面表示拒绝，你也没有得到任何东西，彼此既不伤和气，也不会丢什么面子。

这种方法就叫替代法，是以"我办不到，你去拜托某某比较好"的说法，来转移给他人的做法。工作中常常会有人来请你帮忙，而你又因为种种原因不想插手，你应该怎么谈呢？

"我的电脑技术不行，不过小王很懂电脑，你去拜托他帮你看看怎么样？"

"我对计算工作最头大了，我记得小芸好像是簿记二级的，她应该做得来！"

像这样搬出一位在某方面能力比自己强的人，然后要对方去拜托他就行了。

不只能力的问题，像下面这个例子中的场合也能适用。

"我如果要做这件事，恐怕要花掉不少时间。小范好像说他今天工作量不怎么多！"

只有在大家都知道那个人的确比较胜任时才能用这招。

这个办法有一个问题，就是可能会招致那个被你"转嫁"的人的怨恨。想拜托你的人一定会说："是某某说请你帮忙比较好！"对方也就会知道是你干的好事。这么一来，那个人心里一定会想：可恶的家伙，竟然把讨厌的事推给我！

尤其当需要帮忙的工作内容是人人都不想做的事情的时候，惹来怨恨的可能性就更高。所以，最好在多数人都知道"某某事情是某某最擅长的"这样的场合才用此招。

当然，这一招不仅仅是可以用在工作中，还能用在日常生活中。假如你抽不开身，实事求是地讲清自己的困难，同时热心介绍能提供帮助的人，这样，对方不仅不会因为你的拒绝而失望、生气，反而会对你的关心、帮助表示感谢。

贬低自我让对方知难而退

有很多既没有什么实际意义又浪费时间与精力的活动，我们要对它进行拒绝，可以采取自我贬低的方法。

"自我贬低"是一种特殊形式，表示自己无能为力，不愿做不想做的事，也就是说："我办不到！所以不想做！"

根据心理学的调查发现，人们的确有在日常生活中自我贬低的现象。例如，在上班族中，有 12% 的人曾对上司装过傻，而 14% 的人对同事装过傻。虽然它跟"楚楚可怜"法一样，会导致别人对自己的评价降低，但令人惊讶的是，仍有一成以上的人是在自己有意识的情况下用了这个办法。

上班族会用到"自我贬低法"的场合有以下 3 种：

第一，遇到不想做的事。例如，像是打杂般的工作、很花时间的工作或单调的工作等；还有像公司运动会之类，筹办公司内部活动也是其中之一。像这些情形便有不少人会用"我不会呀"或"我对这方面不擅长"等理由，来把不想做的事巧妙地推掉。

第二，拒绝他人的请求。当别人找上你，希望你能帮他的忙时，你很难直接说："不！"因此便以"我很想帮你，可是我自己也没有那个能力"的态度来婉转拒绝。拒绝别人时，很难直接以"我不愿意"这种态度来拒绝，而且如果拒绝不恰当还可能会让对方怀恨在心。因此，若是用没有能力，也就是自己无法控制的原因来拒绝（想帮你，可是帮不了）的话，拒绝起来便容易多了。

第三，想降低对自己的期望值。一个人若能得到他人的高度期待固然值得高兴，但压力也会随之而来，因为万一失败，受到高度期待的人带给其他人的冲击性会更大。因此，借由表现出自己的无能来降低期望值，万一将来失败，自己的评价也不会下降得太多；相反，如果成功，反而会得到预期之外的肯定。

根据工作的内容，"无能"的内容也应有所不同。例如：

别人要求你处理电脑文案资料时——

"电脑我用不好，光一页我就要打一个小时，说不定还会把重要的资料弄丢！"

别人要求你做账簿时——

"我最怕计算了，看到数字我就头痛！"

不过，所表明的"无能"的理由不具真实性，那可就行不通了。例如，刚才要求处理电脑文案资料的例子，如果是在电脑公司，说这种话谁信！后面那个例子，如果发生在银行，也绝对会显得很突兀。平常很少接触到的工作，说这种话时，所获得的可信度越高。所以要说"我没做过""我做得不好"这些话的时候，这些话一定要具有可信度才行。

"自我贬低"如果使用过度，很容易给人留下"无能""不可靠"的印象；而当自己反过来想求人帮忙时，被拒绝的概率也会大幅提高。因此要注意，绝对不要使用过度。

"自我贬低"使用时的第一重点就在于慎选使用的场合，也就是只在与自己的工作无关的地方使用。

举个极端的例子。如果一个跑业务的说："我在别人面前讲话会很紧张！"以此拒绝参加公司的会议，那么这对他来说可是致命伤；但如果是做研究工作的人说这种话，那就另当别论，效果完全不同。要自我贬低时，切记：只用对自己不重要的部分来贬低自己。

第二个重点是，尽量避免招来"无能"或"不可靠"的负面印象。记住善用"如果是某某就没问题，但这件事我实在心有余而力不足"这句话。例如：

"对文字处理我还有办法，可是资料输入我真的不行！"

"公司旅行的账目我倒是做过，但太复杂的东西我没自信能做好！"

这么说总比直接拒绝对方好，而且这种说法听起来比较具有真实性，也比较容易成功。

中篇

会办事

第一章　有礼有节，淑女办事先知礼

礼仪是女人社交的必修课

一个受欢迎的女人一定是一个深谙礼仪之道的女人，女人要想在社交中拥有好人缘，就要精通各种礼仪。

礼仪、礼节、礼貌的内容丰富多样，但有着基本的原则：一是敬人的原则；二是自律的原则，就是在交往过程中要克己、慎重、积极主动、自觉自愿、礼貌待人、表里如一，自我对照、自我反省、自我要求、自我检点、自我约束，不妄自尊大、口是心非；三是适度的原则，适度得体，掌握分寸；四是真诚的原则，诚心诚意，以诚待人，不逢场作戏，言行不一。

由于礼仪规范是人的自我修养的重要内容之一，因此在现代社会生活、工作交往中，发挥着越来越重要的作用。

礼仪能够起到美化形象的作用，它要求人们在人际交往中树立良好的形象，其内容十分丰富，包括礼貌、礼节和仪容、仪表美两个部分。如仪表整洁大方，待人有礼貌，谈吐文雅，举止端庄，服饰得体，尊重他人等。总之，只有自己的仪表举止合乎文明礼仪，才能使人乐于与你交往，人与人之间的关系才会趋于融洽。

礼仪能够起到打造人际关系的作用。人际关系之所以能够维持，一个重要的因素就是双方在心理上能够得到满足。在交往中懂礼仪、有礼貌、知礼节，会令对方产生一种被尊重感，取得一种心理愉悦，自然能够为打造良好的人际关系铺平道路。

礼仪就像一座桥梁或一条纽带，使彼此间的陌生感和距离感瞬间消失。礼仪的不同形式就是各种"沟通语言"，它比一般的语言显得更高雅、含蓄，更容易让人接受。

礼仪是人类文明的标尺，是一个人美好心灵的展现。人与社会都离不开礼仪，反过来说，也只有人类才懂得礼仪。生活在社会里，注重仪表形象，养成文明习惯，掌握交往礼仪，融洽人际关系，这是每一个女人人生旅途中的必修课程。作为一个有理想、有追求的现代女人，要注重礼仪的自我修养，在仪容、举止、服饰、谈吐和待人接物等方面都展现出一个女人的教养，并在社会交往中有所为有所不为，自觉地运用礼仪规范，尊重别人，方算知书达理，方称得上是一个有教养的女人。

礼仪是女人在交际中需要不断修炼的功课，它会使女人增添无限魅力，赢得他人的青睐和尊重。

直面陌生人，"被选择"的自信

"有自信的人最美"是因为那种自信的容貌会让人觉得充满希望，让人觉得活力十足、魅力无限。培养自己的自信心要从自己有兴趣的事情着手，多接触自己喜欢的事物，这样自信自然而然就产生了。

在人际关系上，不论在什么场合，初次见面时太过热衷于争取某件事情，只会使人们以为你是一个惯于使用手段的女人，还是一个自以为聪明的女人，其结果大都是聪明反被聪明误。

人们对于使用手段的女人往往心存一道防线，并且本能地降低对她的人格评价，怀疑她为人的诚实性，认为她心怀叵测，别有企图。

这种急于成功的女人，其实还是对自己没有信心，她们害怕得不到别人的友情、喜欢、支持，害怕得不到自己所期望的东西。她们不敢告诉自己："对方是喜欢我的，支持我的。"甚至会不安地怀疑自己："对方是否讨厌我？"她们的这种想法传染给对方，无意中流露出了自己没有信心的真相。

与陌生人初次见面时，不论是何种状况，都要做到镇定，并善于用眼神表达自己的友善、关怀和愿望，这是一种自信的表现。说话时善用眼神接触，能给对方留下认真、可靠的印象。一般来说，人们对于自信的人，都会另眼相看，并对其产生信赖的好感。如果你含含糊糊、流露出羞怯心理，会使对方感到你不能把握自己，以致对你有所保留。这样，彼此之间的沟通便有了阻隔。

有个求职者自我介绍道："俗话说'胆小不得将军做'，对此，我却不敢苟同，有例为证：汉代韩信为渡过险境，忍受街上小人的胯下之辱，可谓胆小，但是最终成了将军。本人素以胆小著称，却偏有鸿鹄之志，故斗胆前来应聘，我自信能够胜任酒店的这份工作。"言辞之间，充分展现了求职者的聪慧与自信，具有一定的吸引力。

因此，任何时候都要相信自己，按照你的想法开始吧！做事可以胆小，而做人只要你有足够的实力，你就可以放开勇气面对，这是一种心态，这种心态决定了你的命运。

在交往中，如果你缺乏信心，不妨也穿戴上最华贵的"服饰"，找出足以荣耀自我的优点，那么你将不会因感到低人一等而自卑。所以，聪明的女人要尽量找到自己的长处，即使是自认为不值一提的特长，利用自我扩大法，扩大成足以让你感到自豪的优点，借以缩短与对方的心理距离，这样就会增加自己的自信心。

热情地叫出他人的名字，让他倍感亲切

在日常生活中，我们常有这样的尴尬：碰到一个似曾相识的人跟你打招呼时，你却一下子叫不出他的名字来。这种场合，碰上一次、两次还好，要是碰上多次那就说不过去了，可能会有损你们之间的关系，原本很不错的朋友也会因此而疏远你。

卡耐基曾经说过："一个谁都喜欢的女孩，应该记住对方的

名字。"名字对一个人来说，应该算是最重要的东西之一。一个人从出生到去世，名字就一直和他缠在一起。人们不能没有名字，因为这是一个人区别于其他人的重要标志。叫响一个人的名字，这对于他来说，是任何话语中最动人的声音。聪明的懂社交心理的女人都明白，在与人交往中，记住对方的名字是建立友谊的第一步。

一般人对自己的名字比对地球上所有事物的名字之和还要感兴趣，记住人家的名字，而且很轻易就叫出来，等于给予别人一个巧妙而有效的赞美。若是把人家的名字忘掉，或写错，你就会处于一种非常不利的地位。比如说，曾有一个人，一天收到了一封很不客气的信，是由巴黎一家很大的美国银行的经理写来的，原来他曾经把这位经理的名字拼错了。

我们应该注意一个名字里所能包含的奇迹，并且要了解名字是完全属于与我们交往的这个人，没有人能够取代。名字能使他在许多人中显得独立。

有时候要记住一个人的名字真的很难，尤其当它不太好念时，一般人都不愿意去记它，心想：算了！就叫他的小名好了，而且容易记。

锡得·李维拜访了一个名字非常难念的顾客，他叫尼古得玛斯·帕帕都拉斯，别人都只叫他"尼克"。李维说："在我拜访他之前，我特别用心地念了几遍他的名字。当我对他说'早安，尼古得玛斯·帕帕都拉斯先生'时，他呆住了，在几分钟内，他都没有答话。最后，眼泪滚下他的双颊，他说：'李维先生，我在这个国家 15 年了，从没有一个人会试着用我真正的名字来称呼我。'"

李维在尼古得玛斯·帕帕都拉斯这个名字上的良苦用心起到了让他也没有想到的神奇效果，也让自己和尼克成为了好朋友。

卡耐基说过，多数人记不住别人的姓名，只是因为他们没有下必要的功夫和精力去记忆。他们给自己找借口：太忙。然而既然我们已经意识到一个人名字的重要性，就要刻意用心去牢记他人的名字。这样，从记住他人的名字入手，和对方相互认识。一位心理学家研究了如何牢记他人姓名的方法，有以下3个步骤：

1. 印象

心理学家指出，人们记忆力的问题其实就是观察力的问题。如果不正确地牢记别人的名字，那简直是不可原谅的无礼行为。可怎么正确地记住呢？如果没有听清其名字，那么恰当的说法是："您能再重复一遍吗？"如果还不能肯定，那么正确的说法是："抱歉，您可以告诉我怎么写吗？"

2. 重复

你是不是有过这样的情况，新介绍给你的人在 10 分钟之内就忘记其名字了？除非多重复几遍，否则，一般人都会忘记。

在谈话中记住别人名字的办法是用多种谈话方式使用他人的名字。比如，"莫斯格拉夫先生，您是不是在费城出生的？"如果一个名字较难发音，最好不要回避，但很多人都采取回避的方式。如果碰上一个较难发音的名字，可以问："您的名字我念得对吗？"人们是很愿意帮助你把他们的名字念对的。

3. 联想

我们是怎么把需要记住的事物留在头脑中的呢？毫无疑问，联想是最有效的方法。

卡耐基开车到新泽西大西洋城的一个加油站加油，加油站的主人认出了他，虽然他们只在 40 年前见过面。这太让卡耐基吃惊了，因为以前他从未注意过这位先生。

"我叫查尔斯·劳森，咱们曾在一所学校，是同学。"他急切地说道。

卡耐基并不太熟悉他的名字，还在想他可能是搞错了。他见卡耐基还是有些疑惑，就接着说："你还记得比尔·格林吗？还记得哈里·施密德吗？"

"哈里！当然记得，他是我最好的朋友之一。"卡耐基回答道。

"你忘了那天由于天花流行，贝尔尼小学停课，我们一群孩子去法尔蒙德公园打棒球，咱们俩一个队？"

"劳森！"卡耐基叫着跳出汽车，使劲和他握手。

之所以发生这一幕恰恰是因为联想在起作用，有点像是魔术。如果一个人的名字实在太难记了，不妨问问其来历。许多人的名字背后都有一个有趣的故事，很多人谈起自己的名字比谈论天气更有兴趣。

现实生活中，如果你交往的对象是显要人士，那么你更应该用心记下他的名字。空闲的时候，就在笔记本上写下别人的名字、交往的日期以及主要事情等等，集中精力记忆。拿破仑三世记名字的办法是用心、手、眼、耳、嘴，虽然比较麻烦，但是很有效果。

社交成功，一半的功劳在于说话技巧

女性要想在交际中占据优势，口才是一大武器。在现代社会中，语言艺术对社会交际的重要性已越来越明显。美国人类行为科学研究者汤姆士指出："说话的能力是成名的捷径。它能使人显赫，令人鹤立鸡群。能言善辩的人，往往受人尊敬，受人爱戴，得人拥护。它使一个人的才学充分拓展，熠熠生辉，事半功倍，业绩卓著。"他甚至断言："发生在成功人物身上的奇迹，一半是由口才创造的。"

美国资产阶级革命时期的著名政治家、外交家富兰克林也说过："说话和事业的进步有很大的关系。"无数事实证明，说话水平是事业成功的重要因素之一，口语表达的好坏直接关系到事业的成败。

　　说起来，女性天生就有"能说会道"的本事，若成为一个健谈者，运用你在交流沟通方面非同一般的技能，就能够引起别人的兴趣，吸引他们的注意力，并自然地使他们聚集到你的周围。

　　这是一种非常重要的交往技能，其重要性无可比拟。它打开了人与人之间沟通的大门，使彼此的心灵变得亲近。它可以使你在各种各样的人群中广受欢迎，使你能与别人融洽相处，在社会交往中如鱼得水。

　　不管你在其他艺术或技能方面的专业造诣有多高，是否达到炉火纯青的地步，但你肯定不可能像运用说话技术一样随时随地地表现专业才能。比如你是一个钢琴家，不管你的音乐天赋如何了得，不管你花费了多少年的时间来提高自己的演奏技巧，也不管你耗费了多少金钱，也只有相对很少的一部分人可能听到或欣赏到你的音乐。然而，如果你是一个健谈者，那么任何一个与你交谈过的人都将强烈地领略到你的幽默和聪明，并感受到你的魅力和影响力。

　　在社交场合中，能说会道的女性总是广受欢迎的。比如，几乎所有人都希望邀请卡耐基的好朋友比尔夫人参加宴会或招待会，主要是因为她善于言谈。不论在哪种宴会或招待会上，她总能够给别人带来愉悦，使人们如沐春风。或许比尔夫人也和其他人一样有许多缺陷和不足，但是人们仍然乐于与她交往，因为她的健谈，她善于运用谈话技巧，而且几乎达到了炉火纯青的地步。与其他方式相比，谈话仿佛最能迅速地反映出一个人在文化修养上的水准，是高雅还是粗俗，是温文尔雅还是毫无教养。从一个人的谈话中，我们还可以窥知其生活的全貌，你说话的内容和方式将揭示你的信仰，并向世人展现你最真实的一面。

　　在现实生活中，有相当多的人缘好的女性在很大程度上把自己受人欢迎的原因归功于出色的说话能力。比起口才一般的女性，能言善辩的女性更容易被人理解、受人欢迎。因此，我们说，女人拥有一张能说会道的嘴，就等于拥有了一笔取之不尽的财富。良好的口才能使你在社会交往中如鱼得水，对你的幸福生活起到推波助澜的作用。

适当贬低自己，迅速拉近心理距离

适当地贬低自己，也就相对地捧高了对方，这会让对方心生愉快。例如，当你听到对方说"我前天做了一件丢脸的事情"时，想必你会浮现出微笑，并心情轻松地听他继续说下去。因为炫耀自己会引起他人的反感，而谈及自己失败的经验，不但会增强对方的自尊心，更能因此打开对方的心扉，让他坦然地接受你。

在某些时间、场所，我们不便坦然对他人说出礼貌性的赞美。在这种情况下，不妨换种方式来表达，效果是同等的，甚至会超过所期望的效果。这个方式就是适当地贬低自己。适当贬低自己，也就相对捧高了对方。即使是不善言辞、不善于称赞的人，也能轻而易举地使用这种方法，达到捧高他人的目的。

比如说，当我们参加某店铺开张的庆祝会时，即使那是一家不怎么样的店铺，我们也要依场合不同来为庆祝增添一些喜气。我们可以贬低自己，捧高对方，说："这店铺看起来真不错，室内的装潢也很考究。不像我经营的那家店，门没做好，窗户也是一大一小的。"这样，将对方和自己做具体的比较，并有技巧地批评自己略逊一筹，对方将因被人高抬而产生优越感，心中的舒坦自是不言而喻。相反的，如果以轻视的口吻对主人说："店铺的柜台再宽一点会比较好，你们下次再整修时，可要记住啊！"对方在庆祝会上听到这样毫不客气的批评，一定会大感不快，从此对你产生敌意，这就是不谙人情世故所要承受的恶果。

日本有位国会议员，常对别人说："我仅有小学毕业的学历。"他实际上却拥有高学历，他之所以贬低自己，无非是要给予别人心理上的平衡感。须知谦虚会让别人觉得轻松。知道了这一点，在平常的交往中我们就不妨适当地运用一下贬低自己的诀窍，来捧高对方的地位，达到感情投资的目标。如此，成功便离你不远了。

适当地贬低自己，可以避免在一些场合下过分显露锋芒，给自己带来不必要的麻烦，聪明的女性要想有良好的社交关系，要想得到幸福，就必须深知此道。

收敛自己的锋芒，会获得更多人的认同

女人如何才能在人际交往中获得别人的认可和喜爱呢？

现在，有的女孩很自以为是，动不动就在别人面前标榜自己，"王婆卖瓜，自卖自夸"，尤其在她们取得了一点成绩或者有着别人没有的优势后更喜欢卖弄、炫耀，似乎深恐有人不知。殊不知，你越张扬别人越不买账，你越卖弄，后果可能越不堪设想。中国有句古话叫："显眼的花草易遭摧折。"说的是，越显眼出众的人（或事物）越容易遭到破坏。一个声名显赫的人，越张扬越容易遭到算计；一个人越爱自吹自擂，越容易不受欢迎。

要想不"惹是生非"，最好的办法就是收敛自己的锋芒、平和待人、放低自己、抬高别人，让别人时时有备受敬重的感觉，这样不仅能免遭祸患，更能赢得别人真心的认同和尊重。

女人，有时候不应把自己太当回事，坦诚而平淡地生活，没有人把你看成是卑微、怯懦和无能的。如果你老是把自己当作珍珠，反而时时有被埋没的危险。

做人还是谦虚一些好，谦虚往往能得到别人的信赖。因为谦虚，别人才不会认为你会对他构成威胁。谦虚不仅是人们应该具备的美德，从某种意义上说，也是获胜的力量。尤其是在双方地

域不同、文化背景各异的情况下，偶然一句"我不太明白""我没有理解你的意思""请再说一遍"之类谦恭的言语，会使对方觉得你富有涵养和人情味，真诚可亲。

越是有成就的人，态度越谦虚，相反，只有那些浅薄的、自以为有所成就的人才会骄傲。为此，俄国的列夫·托尔斯泰打了一个很有意义的比方："一个人就好像是一个分数，他的实际才能好比分子，而他对自己的估价好比分母，分母越大，则分数的值越小。"

越是谦逊的人，你越是喜欢找出他的优点；越是把自己看得了不起，孤傲自大的人，你越会瞧不起他，喜欢找出他的缺点。所以，平时要谦逊地对待别人，这样才能博得人家的支持，从而为你的事业奠定基础。当你以谦逊的态度来表达自己的观点或处理事务时，就能减少一些冲突，还容易被他人接受。

每个人都非常重视自己、喜欢谈论自己，也希望别人能重视自己、关心自己，如果你在和别人交往时表现出一种谦虚的精神，让他谈出自己的得意之处，或由你去说出他的得意之处，他肯定会对你产生好感，肯定会与你成为好朋友。

用恰当的措辞拉近彼此的距离

与人谈话时若要营造轻松和谐的气氛，拉近彼此之间的距离，使用什么样的词语很重要。实际上，针对不同的人挑选不同的词汇，是一个很重要的谈话技巧。

恰当地使用词汇，有以下几个方面女人要注意：

1. 重复对方的词汇

在谈话时，对方刚刚说的某个术语、俚语或是口头语，你可以马上把它用在自己说的话里面，这会让对方感到很亲切。尤其是对于一些术语或是俚语，使用对方所说的词能够表现出对对方极大的支持和肯定。

如果对方说："我喜欢这个 logo（标志）！"你听了以后可以说："哦，这个 logo 确实非常有创意。"这时候你和对方使用了同一词汇——logo。如果你说："这个标志确实很好看。"那么你的话虽然对方也能够理解，但是就不如用 logo 让对方听起来顺耳。实际上，对于有多种表述或名称的同一事物，你应当留意对方所采用的表达方式，尽量和对方用同一种词语表达，这会大大增加你谈话的效率和你的亲和力。

2. 识别对方的感官用词

你要把握好不同感官偏好的人对于不同的词汇也有偏好。不同类型的人所习惯使用的感官用词是不同的，对于他的偏好你要在倾听对方说话时多多留意。当你发现对方的感官偏好时，就可以在你说话的措辞上尽量使用对方所习惯用的那些词汇类型。

例如，对方的话中经常出现"看上去""观点"等词汇，你可以凭借这些词汇确定对方倾向于视觉型，那么你就可以在以后的谈话中多使用视觉型的词汇，不仅是"看上去""观点"，还可以用其他的视觉型词汇，例如，"观察""反映"等等。

感官用词一般是比较隐蔽的，需要女人非常敏锐地去发现，同时如果你能使用和对方同类型的感官用词，对对方所产生的影响也是隐蔽的，对方听你说话会觉得非常顺耳，却说不出为什么。

3. 模仿对方的习惯用语

习惯用语俗称口头禅，是一个人习惯性使用的词汇。例如，有些人喜欢说"无所谓"，或者"太棒了""太背了""很酷""没意思"等等。口头禅有一些是时尚的流行语，也有一些是非常具有个人色彩的。不管是什么样的习惯用语，如果你想提升自己的影响力，就可以在和对方说话的时候主动使用它，甚至你可以使用得比对方还要频繁。这种亲切和亲密的感觉会令对方很惊喜，因为你和对方的习惯用语一样，对方会认为你们俩的观念、性格、生活都比较相近。

4. 避免使用否定和绝对的词汇

有一些词汇在谈话中要尽量避免出现，例如，"可是""就是"、"但是"这些表示转折意义的词语。当你要表达不同意见的时候，尽量不要说它们，因为这些词意味着对对方观点的否定。

在与求异型的人谈话时，要尽量避免说一些表示绝对意义的词，如"一定""肯定""百分之百""绝对"等等。因为求异型的人喜欢挑毛病，如果你说的话过于绝对，他们会不由自主地在内心或是口头上表示质疑。为了不引起对方的反感，避免争执，你要想拉近与对方的距离，说话时可以尽量使用比较中性的词语，不要把话说得太满。

词语的选择同样需要敏锐的洞察力，尤其是对于对方话语中的语言细节要多加留意。

5. 说话要简洁

有些人叙述一件事情，为了卖弄才华，极力地修饰他们的语句，用重复的形容词，或学西方语言独有的倒装句，或穿插些歇后语、俏皮话，甚至引用经典、名人语录，使别人往往摸不清他在说些什么。

有些人在说话时，东拉西扯，缺少组织和系统，也使人有不知所云的感觉。如果你要拉近与他人的距离，只要在说话时记住要说得简洁扼要就行了。在话未说出口时，先打好一个腹稿，然后再按照秩序一一说出来。

简洁的话语常能让人有意犹未尽、余音绕梁之感。冗长而又索然无味地说话，不但无趣，还会让人觉得啰啰唆唆，使听者昏昏欲睡。

6. 语句不要重叠使用

有些人会说："为什么、为什么？"答应别人一件事，说一个或最多两个"好"字已经够了，但有些人却说"好好好好……"，或是说"再见再见"。其实在用重叠句子的时候，除非是要特别引人注意或加强力量时才用得着。

7. 同样的名词不可用得太多

有一个人解释月球上不可能有生物存在这个问题时，在几分钟内，把"从科学上的观点来说"一语运用了十几次，无论什么新奇可喜的名词，多用便会失去它动人的价值。王尔德说："第一次用花来比喻女人是最聪明的人，第二次再用的人便是愚蠢了。"一个名词在同一时期中重复使用，是会使人厌倦的。

此外，注意不要用同样的形容词来形容不同的事物。

总之，聪明的女人想拉近与他人之间的距离，就要在措辞上多多注意，而且往往会收到不错的效果。

第二章　火眼金睛，精明女人
通过细节了解周围人

衣服是思想的形象

郭沫若曾说过："衣服是文化的表征，衣服是思想的形象。"人们通过衣着打扮来向外界展示自己。

随着人类社会的发展与进步，现代人在衣着上提倡张扬个性，不再拘泥于某一种形式。

正是由于张扬个性，不拘泥于形式，人们可以更加充分地表现出自己的心理状况、审美特点等。因此，我们可以从以下方面把握一个人的性格特征。

一般来说，喜欢穿简单朴素衣服的人，性格比较沉着、稳重，为人比较真诚和热情。这种人在工作、学习和生活当中，比较诚实、肯干，勤奋好学，而且能够做到客观和理智。但是过分朴素就不太好了，这种情况表明人缺乏主体意识，软弱而容易屈服于别人。

喜欢穿单一色调服装的人，是比较正直、刚强的，理性思维要优于感性思维。

喜欢穿淡色便服的人，多为比较活泼、健谈，并且喜欢结交朋友的人。

喜欢穿深色衣服的人，性格十分稳重，显得城府很深，一般比较沉默，凡事深谋远虑，常会有一些意外之举，让人捉摸不定。

喜欢穿式样繁杂、五颜六色、花里胡哨衣服的人，多是虚荣心比较强、爱表现自己而又乐于炫耀的人，任性甚至还有些飞扬跋扈。

喜欢穿过于华丽衣服的人，多为具有很强的虚荣心和自我显示欲、金钱欲的人。

喜欢穿流行时装的人，最大的特点就是没有自己的主见，不知道自己有什么样的审美观，情绪不稳定，无法安分守己。

喜欢根据自己的喜好选择服装而不跟着流行走的人，一般是独立性比较强，有果断决策力的人。

喜爱穿同一款式服装的人，性格大多比较直率、爽朗，有很强的自信心，爱憎、是非、对错往往都分得十分明确。优点是行事果断，显得十分干脆利落，言必信，行必果；缺点是清高自傲，自我意识比较浓，常常自以为是。

喜欢穿短袖衬衫的人，他们的性格是放荡不羁的，但为人十分随和、亲切。他们热衷于享受，凡事率性而为，不墨守成规，喜欢有所创新和突破。自主意识比较强，常常以个人的好恶来评判一切。他们虽然看起来有点儿表里不一，实际上他们的心思还是比较缜密的，而且任何时候都知道自己在做什么，他们能够做到三思而后行，小心谨慎，不至于任性妄为做出错事来。

喜欢穿长袖衣服的人，大多比较传统和保守，为人处世循规蹈矩，不敢有所创新。他们的冒险意识在某一方面来讲是比较缺乏的，但他们又喜爱争名逐利，自己的人生理想定得也很高。这些人最大的优点就是适应能力比较强，这得益于其循规蹈矩的为人处世原则，把他们放在任何一个地方，他们都能迅速融入其中，通常拥有较好的人际关系。他们很重视自己在他人心目中的形象，希望得到注意、尊重和赞赏，从而在衣着打扮、言谈举止等各个方面都严格地要求自己。

喜爱宽松自然的打扮，不讲究剪裁合身、款式入时的衣着的人，多是内向型的。他们常常以自我为中心，很难走进其他人的生活圈子里。他们有时候很孤独，也希望和别人交往，但在与人交往中，又总会出现许多不如意的情况，以失败告终。他们多半没有什么朋友，可一旦有，就会是非常要好的。他们的性格中害羞、胆怯的成分较多，不太喜欢主动接近别人，也不易被人接近。一般来说，他们对团体活动没有兴趣。

综上所述，通过衣服我们能够读懂对方的思想。所以，聪明女孩在与人交往时要多留心对方的衣服，它也许能够提供给你一些意想不到的信息。

提包：拿在手里的心情

提包在人们的工作、生活和学习中是非常重要的一件物品，很多时候它几乎与人形影不离，人走到哪里，它们也随之被带到哪里。正是因为提包具有如此重要的作用，所以，它们在一定程度上可以向外界表达一定的信息，让外界通过提包来认识提包的主人。

提包的样式众多，人们可以根据自己的喜好进行选择。一般来说，选择提包比较大众化的人，其性格也比较大众化，或者是说没有什么特别鲜明的、属于自己的个性。他们在很多时候都是随大流，大家都这样选择，所以她们也这样选择，没有自己的看法。

1. 喜欢休闲式提包的人

选择的提包多是休闲式的人，可以看出他们的工作具有很大的伸缩性，自由活动的空间也非常大。正是由于这样的条件，再加上先天的性格，这类人大多很懂得享受生活。他们对生活的态度比较随意，不会过分苛求自己。他们比较积极和乐观，也有一定程度的进取心，能很好地安排工作、学习和生活，做到劳逸结合，在比较轻松惬意的环境中把属于自己的事情做好，取得一定的成就。

2. 喜欢公文包的人

选择的提包多是公文包，这也从一个方面说明了提包主人工作的性质。他们可能是某个企事业单位的总经理，如果是普通职员，也是在比较正规的单位。选择公文包可能是出于工作的需要，但在其中多少也能表现此类人的性格特征。他们大多数办事较小心和谨慎，对人也会相当严厉。当然，他们对自己的要求往往更高。

3. 喜欢方形提包的人

有小把手的方形或长方形的提包，在有些时候可以当成是一件饰品。这种提包外形和体积都相对较小，所以使用起来并不是特别的方便。喜爱这一款式提包的人，多是没有经历过什么磨难的人。他们比较脆弱，遇到挫折容易退缩和妥协。

4. 喜欢肩带式提包的人

喜欢肩带式提包的人，在性格上相对比较独立，但在言行举止等各个方面却是相对传统和保守的。他们有一定相对自由的空间，但不是特别大，交际圈子比较狭窄，朋友也不是很多。

5. 喜欢小巧精致的提包的人

小巧精致，但不实用，装不了什么东西的提包，一般来说，是年纪比较轻、涉世不深、比较单纯的女孩子的最爱。已经过了这样的年纪，步入成年，非常成熟了，还热衷于这样的选择，说明这个人对生活的态度是非常积极而又乐观的，对未来充满了美好的期待。

6. 喜欢浓郁的民族风味、地方特色的手提包的人

比较喜欢具有浓郁民族风味、地方特色提包的人，自主意识比较强，是个人主义者。他们个性突出，往往有与别人截然不同的衣着打扮、思维方式等等。有些时候表现得与他人格格不入，营造出良好的人际关系存在着一定的困难。

7. 喜欢超大型提包的人

喜欢超大型提包的人，多数属于那种性格自由自在、无拘无束的人，他们很容易与他人建立某种特殊的关系，也会很容易就破裂，这是由他们的性格所决定的，因为他们的生活态度太散

漫，缺乏必要的责任感。显然他们自己感觉无所谓，却并不是所有人都能接受和容忍的。

8. 喜欢金属制提包的人

喜欢金属制提包的人，多是比较敏感的，他们能够很快跟上时代的脚步，他们对新鲜事物的接受能力很强。但是这一类型的人在很多时候并不肯轻易地付出，总是寄希望于别人的付出。

9. 喜欢中性色系提包的人

喜欢中性色系提包的人，其表现欲望并不是很强烈，他们不希望被人注意，目的是缓解压力。他们凡事多持得过且过的态度，比较懒散。在对待别人方面，也喜欢保持相对中立的立场。

10. 不习惯于带提包的人

不习惯带提包的人，其性格要分几种情况来说：有可能是因为他们比较懒惰，觉得带一个包是一种负担，太麻烦；还有一种可能是他们的自主意识比较强，希望能够独立，而提包会在无形中造成一些障碍。两种情况都是把提包当成一种负担，可以看出这种人的责任心并不是特别强，他们不希望对任何人任何事负责任。

11. 喜欢男性化皮包的女性

喜欢男性化皮包的女性都是比较坚强、剽悍、能干的，并且趋于外向化。

提包里的东西摆放得非常零散，没有一点规则，要找一件东西，需要把提包内所有东西全部拿出来。这样的人，她们的生活是杂乱无章的，奉行的是"无所谓"的随便态度。这一类型的人做事多比较模糊，目的性也不是很明确，但对人通常比较热情和亲切。可是由于她们的生活态度有些过于随便和无所谓，所以常常会导致自己陷入比较难堪的境地。

提包内的各种东西摆放得层次分明，想要什么伸手就可以拿到，这说明提包的主人是很有原则性的人，她们大多具有很强的进取心，办事认真可靠，待人也很有礼貌。一般说来，这一类型的人有很强的自信心，且组织能力突出。缺点是她们大多比较严肃、呆板，会过多地拘泥于生活中的某些细节。

彩妆反映的信号

社会上存在着两种女人，一种是化妆的，另一种是不化妆的。据统计，美国女性每年购买化妆品约花费300亿美元；而在日本，一个女性平均一生所要使用的基本化妆品中，口红400克，化妆水980升，乳液125升，各类霜膏150千克。这些数字足以让男人们大吃一惊。那么，女人为什么要化妆呢？答案就写在脸上。

1. 浓妆淡抹，欲望深浅的展示

有的人喜欢淡妆，此类人大多没有太强的表现欲望，希望最好谁也别注意她们。她们只要求能过得去，简单涂抹几下使自己不至于特别难看就行。她们大多属于聪明和智慧的类型，不会将时间和精力都耗费在梳妆台前；她们往往有着自己的想法与思维，敢打敢拼，所以较易获得成功；她们往往拥有秘而不宣的秘密，甚至珍藏一生也不会向他人透露；她们最希望得到别人的尊重，对其难言之隐给予支持和理解。

与之相反，有的人则喜欢浓妆。与喜欢淡妆的人相比，这样的人表现欲十分强烈。她们不辞辛苦地将各种化妆品喷洒、涂抹在自己脸上，忍受着痛苦，用各种方式修饰五官，为的是用一种极端的方式引起他人的注意，而异性的欣赏往往使她们心甜如蜜。前卫和开放是她们的思想特征，她们对一些大胆和偏激的行为大多保持赞赏的态度。她们真诚、热忱、乐观，不容易被一些恶意的指责所伤害。

2. 不同的妆容折射出千姿百态的心理

（1）异国妆和怪妆

异国妆是外国流行的妆；怪妆则是没有一定模式和规范，甚至是与化妆的本意相悖的妆。这两种妆的效果差别很大，因而也就更容易让人看出化妆者的心理。

喜欢化异国色彩比较浓重的妆的人，多具有比较丰富的想象力，艺术细胞较丰富，希望自己将来能够成为一个艺术家。她们向往自由，渴望过一种无拘无束的生活。她们常常会有许多独特的、让人诧异的想法，是个完美主义者。

眼皮周围或是黑乎乎的，或是蓝幽幽的；嘴唇也是有时紫有时红，有时大嘴巴有时小嘴巴。喜欢化如此怪妆的人也清楚自己并不是追求什么美丽，她们只把这种妆当成宣泄的一种方式。她们通常具有强烈的逆反心理，主要是自小受到家庭的溺爱，总是要求说一不二，而现实生活常令她们失望，所以用一些非常规的思想和行为与社会分庭抗礼，但往往是失败多于成功。

（2）怀旧妆和完美妆

怀旧妆是指某些人将自小形成的那套化妆理论和方法延续到成年，甚至中年和老年。其实这是对美好过去的一种回忆，以期忘记现实中的不愉快和不如意，但她们依然保持头脑清醒，不会沉溺其中而忘记现实。她们讲究实际，会极力把握住现在的所有。她们热情善良，善解人意，拥有很多可以推心置腹的朋友。由于总是回忆过去，她们难以享受时代发展带来的刺激和美好。

与化怀旧妆的人不同的是，化完美妆的人追求的是尽善尽美。她们为了完成自己的目标不惜花费巨大代价，她们做任何事情都会追求完美，属于典型的完美主义者。这种类型的人甚至倾尽所有也要使自己的容貌达到自己满意的程度。之所以如此，最主要的是她们对自己的才智和财力都有充足的把握，而唯一放心不下的是自己的外貌。为了成为一块无瑕美玉，只好不断审视自己，用化妆来掩饰不足。

手形是人心的表征

尽管每个人都有一双手，但手指的粗细长短、手掌的厚薄宽窄各有不同，从中也能推断他人的性格命运。

1. 魅力之手

有魅力的手修长、柔软，是天然的，它不会被整形。它和它主人的气质是一致的，是与生俱来的，没人能否定它对主人个性的表现。它并不会炫耀主人的门第，但它能说明主人的职业和个性。

这类人不仅对事业有很大的投入，也对感情和家庭投入很多。

当然，这并不说明这类人对情感就忠贞不渝。他们是带有情绪去投入感情的，甚至是带着幻想去投入或接受感情的，就像对传说中的经典爱情顶礼膜拜一样。

因为有这样的一双手，所以这种人更喜欢别人注意他的手，而不是眼睛或是衣着。

然而，对待工作，他们热情有余，毅力不足，欠缺非功利性的原始投入感，所以他们承受不了失败的打击。失败时，他们的热情土崩瓦解，有世态无情的感叹。

2. 肥胖之手

人们总是喜欢胖乎乎的东西，它可爱、诚实，给人以信赖感。

显然，它的主人并不为拥有这双手而陶醉，他们只是满意自己的这双手，它们踏实、可靠，能给自己带来好运。他们很少在别人面前显露这双并无魅力的手，甚至多少带有一点自卑的意味。

这类人的嗜好不多，他们热爱传统，听古典音乐，喜欢早期的爵士乐，认为劲歌热舞扰乱了生活和井然有序的内心世界，因而拒绝接受流行的东西。就像那些拒绝接受超短裙、拒绝牺牲自己的健康以保持体型的人一样，这种人也同样拒绝变革。

这类人一直认为自己是能成大器的人，目标很大，在许多时候，忽视了自己保守的一面。因此，他们的事业总是不尽如人意。

3. 玉器般的手

有着玉器般质地的手，是令人陶醉的。

它的形态无懈可击，有着玉器般完美无缺的质感，所以它无须戴过多华丽的首饰。

这样的人所拥有的衣物和首饰贵精不贵多，她们对搭配有着与生俱来的直觉，甚至连最不起眼的小饰品也会将其作用发挥得恰到好处。

这类人显然不会随便追求别人或接受追求，只有彼此无论在外貌还是内涵上都能够接受对方时，才会考虑相互之间的感情。

4. 强盗之手

强盗之手瘦削细长，好动灵活，充满攻击性。这表示它的主人阴险、狡诈，从不显露他们的真实面目。

这种人在装扮自己行为的过程中有一整套经验。他们不想让人看穿自己的内心而把自己装扮起来，使自己看起来具有某种气质或形象，从而掩饰一些自认为不够理想或见不得光的特性。

由于手指瘦削，他们会用一些装饰物来修饰自己的指形。

这类人喜欢揣测他人的心思，投机钻营，经常受到上级欣赏而不断得到提升。在乱世中，他们大有用武之地。

由于对金钱有着本能的欲望，这种人经常揣度他人的财富，也就有着"笑贫不笑娼"的心理。也许他们并不吝啬，但帮助别人后，就会大肆宣扬。

阅读他人的眼睛

很多人小的时候都曾经有过这样的经历——被母亲发现说谎的时候，母亲常常会说："如果你没有说谎，就看着妈妈的眼睛。"的确，眼睛最容易流露人们的真实感情。

1. 视线方向

眼睛的注视方向或视线能反映人的心情和意向。眼睛斜视，被认为是说谎时常见的标志。比如，某位丈夫有心事不愿让妻子知道，突然有一天，妻子诈他说："你到底做了什么蠢事，还想蒙混过关？"丈夫心虚，不敢正视妻子的眼睛，所以就战战兢兢斜视左右而言他。看到丈夫做贼心虚的表情，妻子进一步确信了自己的猜测，不停追问，最后丈夫不得不"坦白"……

当视线斜视的时候，常常被认为是有秘密不愿示人。视线斜视是"不想让别人识破本心"的心理在起作用。因为说谎而感到不安，所以试图收集周围的信息以求转移不安或者找回安全感。

回避对方的视线常表明不愿被对方看穿自己的心理活动，或心虚，或害羞，抑或是厌恶、拒绝。偷偷看人一眼又不想被发觉，等于是在说："我不敢正视你，但又忍不住想看你。"

视线闪烁不定或左顾右盼，常产生于内心不稳定或不诚实之时。

说到测谎，人们关注最多的是"正视"。人们总是怀疑那些不敢正视自己的人，认为他们必定有某些事情需要加以掩饰。说谎本身就会使说谎者处于一种紧张状态，而视线与对方相会，看到对方那怀疑、探究的目光则更会引起心理紧张加剧，因此说谎者会本能地避免与对方的视线相接触，以降低紧张程度。

2. 瞳孔变化

瞳孔的大小变化也会反映情绪活动的变化。当情绪激动时，瞳孔就会扩大，这种情形是说谎者自己无法控制的，而且说谎者往往也不会想到要花精力去防止或掩盖这一泄露秘密的印迹。当然，瞳孔扩大只表明情绪激动，但究竟是什么样的情绪却不能仅由此得出结论，必须具体情况具体分析。

3. 眨眼频率

人通常每分钟眨眼 5～8 次。眨眼这个动作是一种身不由己的反应。当人的情绪产生波动时，眨眼的次数就会明显增加。

因情绪的不同而产生的眨眼方式有连眨、超眨、挤眼等。连眨是指在单位时间内连续眨眼，通常是犹豫不决或考虑不成熟的表现，有时也是竭力抑制激动的表现。超眨是指那种幅度夸张、速度较慢的眨眼动作，它通常用于表示假装惊讶的戏剧性表情。挤眼是用一只眼睛给某人使眼色，表示两人之间有某种默契。它所传达的信息是："你和我此刻所拥有的秘密，其他人无从得知。"在社交场合，两个朋友间互挤眼睛是表示他们对某个问题有共通的感受或看法。

如果一个人频繁眨眼，那意味着他心中藏有秘密。眨眼次数增多，意在防止心中的秘密泄露。这是一种两难的抉择，既不想一直正视对方，又不想使自己分神，结果就采用了频繁眨眼的办法。频繁眨眼的行为，也有在对方面前隐藏弱点的意图。

不同的笑容演绎不同的内心世界

笑，每一个人都会，但是你知道吗，笑是和性格有联系的。

1. 捧腹大笑的人

捧腹大笑的人多为心胸开阔者。当别人取得成就以后，他们会献上真心的祝愿，而很少产生嫉妒心理。在他人犯了错以后，他们也会给予最大限度的宽容和理解。他们富有幽默感，总是能够让周围人感受到他们所带来的快乐。同时他们还富有爱心和同情心，在自己能力范围内，给予他人适当帮助。他们不是势利眼、嫌贫爱富、欺软怕硬的人，比较正直。

2. 时常悄悄微笑的人

时常悄悄微笑的人，除了性格比较内向、害羞以外，还有一种性格特征就是他们思维缜密，头脑异常冷静，在什么时候都能让自己跳出所在的圈子，作为一个局外人来冷眼看待事情的发生、进展情况，这样可以更有利于自己做出各种决定。他们善于隐藏自己，绝对不会轻易将内心真实的想法告诉别人。

3. 狂声大笑的人

平时看起来沉默少语，而且显得有些木讷，但笑起来却一发而不可收，或者经常放声狂笑，直到站不稳。这样的人最适合做朋友，他们虽然在与陌生人的交往中表现得不够热情和亲切，甚至是有些让人难以接近，但一旦真正与人交往，他们是十分注重友情的，并且在一定的时候，能够为朋友做出牺牲。基于这一点，有很多人乐于与他们交往，他们拥有不错的人际关系。

4. 笑得全身打晃的人

笑的幅度非常大，全身都在打晃，这样的人性格多直率和真诚，和他们做朋友是不错的选择，因为当朋友有了错误和缺点以后，他们往往能够直言不讳地指出来，不会为了不得罪人而视而不见。他们不吝啬，在自己能力范围内对他人的需要总是会尽自己最大的努力。基于这些，在遇到困难的时候，他们也会得到别人的关心和帮助。他们会使大家喜欢自己，能够建立很好的社会人际关系。

5. 小心翼翼地偷笑的人

小心翼翼地偷笑的人，他们大多是内向型的人，性格中传统、保守的成分很多，在为人处世上显得有些腼腆。但是他们对他人的要求往往很高，如果达不到要求，常常会影响到自己的心情。不过他们和朋友是可以患难与共的。

6. 看到别人笑，自己也会随之笑起来的人

看到别人笑，自己就会随之笑起来的人，多是快乐而又开朗的人，情绪随事情的变化而变化，富有一定的同情心。他们对生

活的态度是很积极的。

7. 笑的时候用双手遮住嘴巴

笑的时候用双手遮住嘴巴，表明他是一个相当害羞的人。他们的性格大多比较内向，还比较温柔。他们一般不会轻易向别人说出自己内心的真实想法，包括亲朋好友。

8. 开怀大笑的人

开怀大笑、笑声非常爽朗的人，多是坦率、真诚而又热情的。他们是行动派，决定要做一件事情，马上就会付诸行动，非常果断和迅速，绝对不会拖拖拉拉。这类人虽然表面上看起来很坚强，但他们的内心在一定程度上是非常脆弱的。

9. 笑起来断断续续的人

笑起来断断续续，笑声让人听起来很不舒服的人，其性情大多是比较冷漠和孤独的。他们比较现实和实际，自己轻易不会付出。他们的观察力在很多时候是相当敏锐的，能观察到别人心里在想些什么，然后投其所好，伺机行事。

10. 笑出眼泪的人

笑出眼泪来是由于笑的幅度太大所致。经常出现这种情况的人，他们的感情多是相当丰富的，具有爱心和同情心，生活态度是积极乐观向上的；他们有一定的进取心和取胜欲望，可以帮助别人，并适当牺牲一些自我利益，不求回报。

识别口头语的不同内涵

从口头语可以非常快速地了解一个人。这是因为口头语是说话习惯的一部分，它是我们每个人在日常生活当中不知不觉就形成的一种特有的话语风格。从另一个角度来看，口头语带有很深的性格印记。

经常连续使用"果然"的人，多自以为是，强调个人主张。他们经常以自己为中心，很少考虑他人的想法。

经常使用"其实"的人，表现欲较为强烈，希望能引起他人的注意。他们的性格大多比较任性和倔强，并且多少有点自负。

经常使用流行词汇的人，热衷于随大流，喜欢夸张。这样的人独立意识不强，没有自己的主见。

经常使用外语的人，虚荣心强，爱卖弄和夸耀自己。

经常使用地方方言，并且底气十足、理直气壮的人，自信心很强，富于独特个性。

经常使用"这个""那个""啊"的人，说话办事都比较谨慎小心。这样的人就是我们所说的"好好先生"，他们绝对不会到处惹是生非。

经常使用"最后怎么样怎么样"之类词语的人，大多是潜在欲望没有得到满足。

经常使用"确实如此"的人，多浅薄无知，自己却浑然不知，还常常自以为是。

经常使用"我"之类词语的人，不是代表着软弱无能、总想求助于别人，就是虚荣浮夸，寻找各种机会表现自己，以引起他人的注意。

经常使用"真的"之类强调词语的人，大多缺乏自信，害怕自己所说的话无人相信。遗憾的是，他们这样再三强调，反而让人更加起疑。

经常使用"你应该""你必须"等命令式词语的人，多专制、固执、骄横，有强烈的领导欲望。

经常使用"我个人的想法是""是不是""能不能"之类词语的人，一般和蔼亲切，待人接物时，能做到客观理智，冷静思考，认真分析，然后做出正确的判断和决定；不独断专行，能够给予别人足够的尊重，同样也会得到别人的尊重和爱戴。

经常使用"我要""我想""我不知道"的人，大多思想单纯，爱意气用事，情绪不是十分稳定，让人揣摩不透。

经常使用"绝对"这个词语的人，做事草率，容易主观臆断，他们不是太缺乏自知之明，就是自我意识太过强烈。

经常使用"我早就知道了"的人，有强烈的自我表现欲望，只能自己是主角。这样的人绝对不可能静下心来仔细倾听他人的谈话内容，更不要指望他成为一个热心的听众。

另外，口头语出现频率极高的人，大多办事不干练，意志不够坚强。有些人说话时没有口头语，这并不代表他们从未有过，可能以前有，后来逐渐改掉了，这表现出一个人意志坚强，说话讲究简洁、流畅。

如果你想从口头语上更多地观察你的对手，从而非常自如地驾驭他，那么你就要在与对手打交道的过程中花费心思，仔细认真地揣摩，时时刻刻地回味分析。用不了多长时间，你就能迅速从口头语上了解你的对手。

第三章　恰到好处，会办事的女人知分寸

求人办事要抓住时机

求人办事，把握住时机是非常重要的。当我们摸清了对方心理之后，并等到一个合适的时机时，应该学会当机立断，避免犹豫不决，贻误良机，这样就可以迅速达到自己的目的。

就拿李莲英的故事做一个例子。我们都知道，慈禧喜欢别人称她"老佛爷"，自然也喜欢故意摆出不杀生、行善积德的样子给人看。特别是在她六十大寿之际，她更要做出一番"功德"来，好让天下人都知她慈禧有好生之德。李莲英为了能够在众臣面前求得慈禧对自己的宠爱以保自己的地位，于是，他绞尽脑汁地想出并做出一些绝招来奉承慈禧。

六十大寿这一天，慈禧按预先安排好的计划，在颐和园的佛香阁下放鸟。一笼笼的鸟摆在那里，慈禧亲自抽开鸟笼，鸟儿自由飞出，腾空而去。等李莲英让小太监搬出最后一批鸟笼，慈禧抽开笼门后，鸟儿就纷纷飞出，但这些鸟儿在空中只盘旋了一阵，又唧唧喳喳地飞进笼中来了。慈禧又惊奇又纳闷，还有几分高兴，便问李莲英说："小李子，这些鸟怎么不飞走哇？"李莲英很是得意，知道自己做的准备已经让主子高兴了。于是，跪下叩头道："奴才回老佛爷的话，这是老佛爷德咸天地，泽及禽兽，鸟儿才不愿飞走。这是祥瑞之兆，老佛爷一定万寿无疆！"

一般说来，李莲英这个马屁可谓拍得极有水平，但这次却拍马屁拍到马腿上了，慈禧太后虽觉拍得舒服，但又怕别人笑话她昏昧，于是脸上露出了阴森的杀气，随即怒斥李莲英道："好大胆的奴才，竟敢拿驯熟了的鸟儿来骗我！"

李莲英并不慌张，他不慌不忙地躬腰禀道："奴才怎敢欺骗老佛爷，这实在是老佛爷德威天地所致。如果我欺骗了老佛爷，就请老佛爷按欺君之罪办我。不过在老佛爷降罪之前，请先答应我一个请求。"

在场的人一听，李莲英竟敢讨价还价，吓得脸都白了，哪个还敢吱声。大家知道，慈禧虽号为老佛爷，实际是一个杀人不眨眼的刽子手，许多因服侍不周或出言犯忌的人都被她处死，哪个敢像李莲英这样大胆。慈禧听了这番话，立刻铁青了脸，说："你这奴才还有什么请求？"

李莲英说："天下只有驯熟的鸟儿，没听说有驯熟的鱼儿。如果老佛爷不信自己德威天地，泽及禽兽，就请把湖畔的百桶鲤鱼放入湖中，以测天心佛意，我想，鱼儿也必定不肯游走。如果我错了，请老佛爷一并治罪。"

慈禧也有些疑惑了，她随即走到湖边，下令把鲤鱼倒入昆明湖。稀奇的事情真就出现了，那些鲤鱼游了一圈之后，竟又纷纷游回岸边，排成一溜儿，远远望去，仿佛朝拜一般。这下子，不仅众人惊呆了，连慈禧也有些迷惑。她知道这肯定是李莲英糊弄自己，但至于用了什么法子，她一时也猜不透。

李莲英见火候已到，哪能错过时机，便跪在慈禧面前说："老佛爷真是德威天地，如此看来，天心佛意都是一样的，由不得老佛爷谦辞了。这鸟儿不飞去，鱼儿不游走，那是有目共睹的，哪是奴才敢蒙骗老佛爷，今天这赏，奴才是讨定了。"

李莲英说完，立刻口呼"万岁"拜起来，随行的太监、宫女、大臣，哪能不来凑趣，一齐跪倒，个个都向他们的"大总管"投来了奉承的眼光。事情到了这份上，慈禧太后哪里还能发怒，她满心欢喜，还把脖子上挂的念珠赏给了李莲英。

且不论李莲英的为人如何，从这个故事我们可以看出，李莲英抓住时机讨巧的功夫实在高明至极。现实生活中，我们也应该抓住时机尽快办成自己要办的事。

一个人办事的成功，除了依赖一定的条件之外，机会的作用是不可忽视的。就连韩愈也在他的《与鄂州柳中丞书》中写道："动皆中于机会，以取胜于当世。"

比如你要升官晋职。由于本单位、本部门的领导者因为某种原因，或者是工作突出被提拔了，或者到了法定年龄，离休、退休了，或者因工作犯了错误而被解职了，总之，原来的职位出现了空缺，这个空缺就为你创造了一个升迁的机会。如果这个机会来临之时，你却不知道想办法抓住机会，甚至是在工作中犯了错误，那官运就会与你失之交臂。

也许有人对此不以为然，他们总认为自己的提升是因为自己拥有某些才能。这种说法带有很大的片面性。因为谁都知道，一个人被提升时，首先要有职位。没有空出的位置，任你才高八斗，学富五车，也不会被提拔到一个"悬空"的位置上。当然，我们不否认才能在提拔中的作用。

在 20 世纪 80 年代初期，上级配备一个地区的领导班子，为了体现年轻化的原则和要求，规定这一类班子的平均年龄均不得超过 45 岁。由于几个领导年龄较大，在选择最后一个人选时，他的年龄就必须在 35 岁以下。于是，有关部门不得不放弃 35 岁以上的优秀干部的人选，而把目光集中到 35 岁以下的年轻人身上来。通过挑选，总算把一个年轻的副乡长选了上来。这个人刚当了一年副乡长，虽然素质不错，但主要还是赶上了一个好时机，他做梦也没想到会这么快走上地区的领导岗位。

时机对于办事效果就是这样，时机不出现，有时任你费尽九牛二虎之力，也办不好，办不成功；一旦时机出现了，你不想办，却反而歪打正着，然而，这属于一种非普遍的机会。

就正常而言，大多数办事机遇都是办事主体努力创造的结果，如下级主动承担某项重要工作而获得了广为人知的成绩和显露出惊人的才华，从而引起领导的重视、赏识而晋升成功。

所以，要想办事成功，关键的还是要靠自己的主观努力来把握住时机。

把握住时机，最重要的是要认清时机。所谓时机，就是指双方能谈得开、说得拢的时候，对方愿意接受的时候。一个人在车祸丧子的悲痛中还没解脱出来，你却上门托他给你的儿子保媒说媳妇，无疑你会碰壁的；领导正为应付上级检查而忙得焦头烂额的时候，你却找他去谈待遇的不公，那你肯定要吃"闭门羹"，甚至遭到训斥。掌握好说话的时机，才能提高办事的成功率。下面的这两种时机可以说是求对方的最佳时机。在办事过程中，你一定要注意把它牢牢抓住，那将会取得事半功倍的效果。

1. 在对方情绪高涨时

人的情绪有高潮期，也有低潮期。当人的情绪处于低潮时，人的思维就显现出封闭状态，心理具有逆反性。这时，即使是最要好的朋友赞颂他，他也可能不予理睬，更何况是求他办事。而当人的情绪高涨时，其思维和心理状态与处于低潮期正好相反，此时，他比以往任何时候都心情愉快，表面和颜悦色，内心宽宏大量，能接受别人对他的求助，能原谅一般人的过错，也不过于计较对方的言辞；同时，待人也比较温和、谦虚，能听进一些对方的意见。因此，在对方情绪高涨时，正是我们与其谈话的好机会，切莫坐失良机。

2. 在为对方帮忙之后

中国人历来讲究"礼尚往来"、"滴水之恩当以涌泉相报"。在你为他帮了一个忙后，他就欠下了对你的一份人情，这样，在你有事求他帮忙的时候，他必然要知恩图报。在不损伤对方利益的前提下，他能做到的事情，一般情况下会竭尽全力去帮助你。"将欲取之，必先予之"，托人办事的时机，我们是可以进行预先创造的。

先为自己留好退路

在这个世界上，我们毕竟不能独来独往。办自己的事情时，有时会涉及别人的利益。因此，我们在处理事情的过程中，必须全盘衡量，把握分寸，协调好各方面的利害关系，在争取我们自己利益的同时，绝不能伤害他人。这就要求我们在办事情时，先为自己留好退路。

尤其是有些事情，一旦办了，可能就违法、违情、违理，使自己或别人遭受名誉、经济或地位的损失。

东汉时期，光武帝的姐姐湖阳公主新寡，光武帝有意将她嫁给宋弘，但不知她是否同意，于是就和她一块儿议论朝廷大臣，暗暗地观察公主的心意。后来，公主说："宋弘的风度、容貌、品德、才干，大臣们谁都比不上……"光武帝听说后就有意要促成这门亲事。过了不多久，宋弘就被光武帝召见，光武帝叫湖阳公主坐在屏风后面，然后光武帝带有暗示性地对宋弘说："谚语云：'贵易交，富易妻。'这是人之常情吧？"宋弘说："古语说：'贫贱之交不可忘，糟糠之妻不下堂。'共患难的妻子是不应该被赶出家门的。"光武帝听完后转头对屏风后面的公主说："事情不顺利啊！"

很显然，这件事属于不该办的事，因为臣子宋弘有妻室，湖阳公主显然是属于"第三者插足"。如果皇帝办成了这件事，虽然在当时不属违法行为，但却是违背情理的。当然皇帝也知道，所以就事先为自己留有退路，借用"贵易交，富易妻"来表达，宋弘以"贫贱之交不可忘，糟糠之妻不下堂"来回应，既保住了皇上的面子，也顺利地推脱了事情。

所以，当有人违背你的人生信念而托你办事时，你也绝不能贪图一时之利，而不负责任地答应他、纵容他，一定要慎重考虑可能引起的后果。如果有人想整治别人，编造假的事实，求你出面作伪证，或者有人想让你同他一起干违法乱纪的勾当，如果你不想与其同流合污，就应有勇气拒绝这类无理的要求。

另外，在办事情时，既要考虑到成功的一面，也要考虑到有失败的可能，两者兼顾，方能周全。在欲进未进之时，应该认真地想一想，万一不成怎么办，以便及早地为自己留一条退路。

清朝乾隆年间纪晓岚在任左都御史时，员外郎海升的妻子吴雅氏死于非命，海升的内弟贵宁状告海升将他姐姐殴打致死。海升却说吴雅氏是自缢而亡。案子越闹越大，难以做出决断。步军统领衙门处理不了，又交到了刑部。经刑部审理，仍没有结果。原因是吴雅氏之弟贵宁以姐姐并非自缢为由，不肯画供。

后来，经刑部奏请皇上，特派朝中大员复检。

这个案子本来并不复杂，但由于海升是大学士兼军机大臣阿桂的亲戚，审案官员怕得罪阿桂，就有意包庇，判吴雅氏为自缢，给海升开脱罪责。没想到贵宁不依不饶，不断上告，惊动了皇上。皇上派左都御史纪晓岚，会同刑部侍郎景禄、杜玉林，带同御史崇泰、郑徵和东刑部资深已久、熟悉刑名的庆兴等人，前去开棺检验。

纪晓岚接了这桩案子，也感到很头痛。不是他没有断案的能力，而是因为牵扯到阿桂与和珅。他俩都是大学士兼军机大臣，并且两人有矛盾，长期明争暗斗。这海升是阿桂的亲戚，原判又逢迎阿桂，纪晓岚敢推翻吗？而贵宁这边，告不赢不肯罢休，何以有如此胆量，实际是得到了和珅的暗中支持。和珅的目的何在？是想借机整掉位居他上头的首席军机大臣阿桂。而和珅与纪晓岚积怨又深，纪晓岚若是断案向着阿桂，和珅能不借机整他一下吗？

打开棺材，纪晓岚等人一同验看。看来看去，纪晓岚看死尸并无缢死的痕迹，心中明白，口中不说，他要先看看大家的意见。

景禄、杜玉林、崇泰、郑徵、庆兴等人，都说脖子上有伤痕，显然是缢死的。这下纪晓岚有了主意，于是说道："我是短视眼，有无伤痕也看不太清，似有也似无，既然诸公看得清楚，那就这么定吧。"于是，纪晓岚与差来验尸的官员，一同签名具奏："公同检验伤痕，实系缢死。"这下更把贵宁激怒了。他这次连步军统领衙门、刑部、都察院一块儿告，说因为海升是阿桂的亲戚，这些官员有意袒护，徇私舞弊，断案不公。

后来乾隆又派侍郎曹文植、伊龄阿等人复验。这回问题出来了，曹文植等人奏称，吴雅氏尸身并无缢痕。乾隆心想这事与阿桂关系很大，便派阿桂、和珅会同刑部堂官及原验、复验堂官，一同检验。终于真相大白：吴雅氏被殴而死。海升也供认是自己将吴雅氏殴踢致死，并制造自缢假象。

案情完全翻了过来，于是原验、复验官员几十人，一下都倒霉了！有被革职的，有被发配到伊犁的。唯独对纪晓岚，皇上只给他个革职留任的处分，不久又官复原职。因为纪晓岚曾说自己"短视"，这就为自己留了退路。

《战国策》中有一句名言叫"狡兔三窟"，意指兔子有三个藏身的洞穴，即使其中一个被破坏了，尚存两个；如果两个被破坏了，还剩一个。这就是一种居安思危的生存方式，也是一种有先见之明的预防策略。在办事中，我们不妨学学这一招。

用最大的努力去争取好的结果，同时做好失败的心理准备和物质准备，以及应变措施。这样办事情，就能以不变应万变，永远立于不败之地了。

形势不妙，先走为上

在办事的过程中，难免会遇到一些棘手的，甚至解决不了的难事。这种时候最好不要死挺硬扛，而是要采取"先走为上"之策略。

所谓"先走为上"，是指办事者在自己的力量远不如对手的

力量时，不要和对手硬拼，以卵击石，自取失败，应该采取
"走"的策略，避开是非，争取另开新路。

1990 年，安德斯·通斯特罗姆被瑞典乒乓球队聘为主教练。
由于通斯特罗姆平时对运动员指导有方，再加上其战略战术比较
高明，所以瑞典乒乓球队连年凯歌高奏。在 1991 年世乒赛上，
他率领的瑞典男队赢得了所有项目的冠军。在 1992 年夏季奥运
会上，他们又夺得男子单打金牌，这块金牌也是瑞典在这届奥运
会上获得的唯一一枚金牌。

然而，正当瑞典国民向通斯特罗姆投以更热切期望的时候，
他却突然宣布将于 1993 年 5 月世乒赛结束后辞职。通斯特罗姆的
业绩如此辉煌，瑞典乒乓球联合会已向他表示："非常希望"延
长其雇佣合同，那么他为什么要在春风得意时突然提出辞职呢？
许多人对此感到迷惑。

后来，人们才知道，正是通斯特罗姆连年的成功促使他做出
了辞职的决定。他透露说，自他担任主教练以来，瑞典乒乓球队
取得一次又一次的胜利，但是"现在我已感到很难激发我自己和
运动员去争取新的引人注目的胜利。瑞典乒乓球队需要更新，需
要一个新人来领导"。

在这里，主教练通斯特罗姆用的正是"先走为上"的计策。
在体育赛场上，没有永远不败的常胜将军。通斯特罗姆在感到很
难再去"争取新的引人注目的胜利"之际，果断地退下来，无疑
是明智之举。这样，既可以保持住自己的声望，又可以使瑞典队
得以更新。

在我国古代，晋国公子重耳的故事也是个很好的例子。

晋国公子重耳由于国王昏庸，献公听信骊姬的谗言，逼迫太
子自杀，因而出走流亡在外，这样他既避免了骊姬的迫害，又能
留得余生待国有转机时回朝主持朝政。在流亡期间，他渐渐变得
成熟干练，而且他也充分利用"走"来寻找他的同盟者。这样他

就在"走"的同时来促使晋国内外发生有利的变化。最后，他终于在秦国大军的护送下归晋，众多人欢迎重耳回国。

这是留与走的一个鲜明对比：留则无生路，走后得王位。这虽是一个治国之君的经历，但这个道理在我们平时办事的过程中也是大有作用的。切记：走是为了等待时机，创造条件，不是为了躲避困难，寻求安逸。

找领导办事要把握好分寸

求领导办事还要把握好分寸，托领导办事一定要看事情是不是直接涉及自身利益，如果是，则领导无论是从对你个人还是关心单位职工利益的角度，都认为是一种义不容辞的责任。这样的事领导愿办，也觉得名正言顺。

但你一定要知道，这类事必须关系到你的切身利益，或你爱人的事，或孩子的事，或直系亲属的事。如果七大姑、八大姨的事你都揽过来去托领导办，不但领导不会答应，而且还会认为你太多事，影响你在领导心目中的形象。

一般而言，如下一些事情是下属们经常要找上级出面办理和帮助解决的。

1. 与工作有关的利益。这些利益包括调岗、晋升、涨工资、分房子、调解与同事之间的矛盾、平息一些不利于自己发展的言论或舆论。这一类事能否办到，关键在于你在上级心目中的位置如何，位置高了，他会把利益的平衡点放在你身上；位置若是低了，则必须借助外在的或间接的力量方能把事办成，否则便只能充当各种利益的旁观者了。

2. 与社会生活有关的利益。这包括借贷、买卖、调节各类纠纷、参与婚丧嫁娶等各类红白喜事的协调、对各类被侮辱被损害者的法律公断以及某些同学、同乡、同事、朋友等托办的事宜等。办这类事情，上级一般未必会直接出面和直接行使权力，但是他们的间接活动有时却是非常有效的。

3. 与家庭关系有关的利益。这包括夫妻关系、儿女关系、亲戚关系。这些关系所涉及的利益有时不能得到满足或者受到了伤害，而自己又无力自我成全，于是只好去找某位上级说情，恳求他能出面干预或施加影响，如为子女找工作，帮助妻子调动工作，帮助某位亲属安置工作等。

过度敏感不利于办事

在准备求人之前，自以为对方会给予热情接待，可是到时候却发觉，对方并没有这样做，而是采取了低调。这时，心里就容易产生一种失落感。其实，这是自己对彼此关系估计错误，期望太大而形成的。

求人办事，察言观色当然是必备的技能，但是如果你过于敏感，那就等于是给自己套上了一个无形的枷锁，对于办事是没有什么益处的。

这种过度的敏感从根本上说是一种自卑感在作怪。他们总希望自己是生活的强者，是别人心目中的优秀分子，可往往事与愿违，想象与现实之间有距离，这种距离促使他们更加敏感紧张，随时捕捉任何可能对自己不利的信号。结果很有可能会形成一种恶性的心理循环：你越紧张分分的，就越容易成为别人的话柄或笑料，反过来又会进一步加剧你的猜疑与敌意，这样就会把人际关系搞得一团糟。

菲菲到多年不见面的同学家去探望。这位同学已是商界的顶级人物，每天造访他的人很多，十分疲劳。因此，对来家的客人，只要是一般关系的，一律不冷不热待之。

菲菲以为自己会受到热情款待，不料到那里后，发现同学对她不冷不热，心里顿时有一种被轻慢的感觉，认为此人太不够朋友，小坐片刻便借故离去。她愤愤然，决心再不与之交往。后来才知道，这是此人在家待客的方针，并非针对哪个人的。她再一想，自己并未与人家有过深交，自感冷落，不过是自作多情罢了。于是又改变了心态和想法，采取主动姿态与之交往，反而加深了了解，增进了友谊。

幸亏事后菲菲并没过度敏感到不与同学交往的地步，因而增进了友谊。假如当初她因受了一次冷落就不和人交往了，那也就不会有以后的友谊了。

无论是工作或生活中，过度敏感都是十分不利的。比如，"北大怪侠"孔庆东在《47楼207》中曾写过这样一件趣事：

上中学时，几位同学在一起边走边玩儿，忽然间走到前边的一位姓马的同学转过头来，愤怒地叫道："你们叫谁马寡妇？"其实大家谈论的话题与他一点关系都没有，他就这样给自己起了个外号。

人们常说做贼心虚，可是有很多人，他们自己明明并没有做什么见不得人的事，但心里却常发虚，他们过分地注意别人对自己的评价或态度的微小变化，其实别人并没有拿他们怎么着，但他总会以为大家在同他过不去。这样一来，不但把自己弄得紧张不堪，别人也不会再情愿给他办事了。

分清事情的分量再办事

事情有大有小，有轻有重，是放弃西瓜捡芝麻，还是丢掉芝麻捡西瓜，这既可能涉及自身的利益，又可能涉及他人及整体大局的利益。所以，在这取舍两难的选择之间，就应该掂量一下事情的分量，尽量采用舍小取大、弃轻取重的处理原则。这样，虽然丢掉了小利，但所换取的可能就是大利或大义。

蔺相如是战国后期赵国人，他本是赵国宦官令缪贤的门客，通过完璧归赵、渑池之会后，一跃成为赵国的上卿。

廉颇是赵国上卿，多有战功，威震诸侯。蔺相如却后来居上，使廉颇很恼火，他想："我乃赵国之大将，身经百战，出生入死，有攻城野战之大功，你蔺相如不过运用三寸不烂之舌，竟位居我上，实在令人接受不了。"他气愤地说："我见相如，必辱之。"从此以后，每逢上朝时，蔺相如为了避免与廉颇争先后，总是称病不往。

有一次蔺相如和门客一起出门，老远望见廉颇迎面而来，连忙让手下人回转轿子躲避开。门客见状，对蔺相如说："我们跟随先生，就是敬仰先生的高风亮节。现在，您与廉颇将军地位相同，而您见了他就像老鼠见猫一样，就是一般人这样做也太丢身份了，何况一个身为将相的人呢！连我们跟着先生也觉得丢人。"蔺相如问："你们嫌我胆小，你们说廉将军和秦王相比，哪个厉害？"门客答道："秦王厉害。"蔺相如说："既是秦王厉害，我都敢在朝廷上呵斥他，侮辱他的大臣们，我连秦王都不怕，却单单怕廉将军吗？"蔺相如接着说："我想强秦不敢发兵攻打赵国，是因为我和廉将军在位。如果我们二人争闹起来，势必不能并存。我之所以这样做，是把国家利益放在前头，把个人的事放在后头啊！"门客恍然大悟。廉颇闻之，深感内疚，于是负荆请罪，与蔺相如结为"刎颈之交"，演出一幕千古流芳的"将相和"。

蔺相如之所以能千古流芳，就在于他能忍小辱而顾全国家大义，对事情的分量把握得好。赵国之所以不被他国欺负，就是因为有将相文武二人的威势。可见，把握好事情的分量，不仅利于个人关系，对集体、对国家也是幸莫大焉。所以，每个人在办事情之前，都要先把握好事情的分量然后再去办，这样，方能事半功倍啊。

事有大小，事有种类，事有难易，有的事关系到自己的切身利益，有的事则可办可不办。我们不但要知道哪些事应该怎样办，而且要知道哪些事该办，哪些事不该办。

如果你觉得事情能够办成，就应该毫不犹豫地去办。

如果你觉得要办的事情把握不大，就要给自己留下回旋的余地。

如果你觉得要办的事情没有能力办到，就不要勉强去办。

有些事情无论是工作上的还是家庭中的，能办的要及早办，不能办的也要想办法找关系求人去办，我们在实际生活中遇到更多的是别人求办的事，对于这类事我们应该有一个因事制宜的态度。

办事要掌握好火候

办任何事情都应有轻重缓急之分，有的事发生后必须马上处理，延误了时间就可能与预期目标相背离，或是财产损失加大，或是身家性命有危。但是有些人际关系的处理，发生之时，立即解决，可能会火上浇油，使事态发展愈加严重，而冷却几日，使当事人恢复理智以后再处理，就可能会大事化小，小事化了。所以，在办事过程中，处理事情，就要掌握好火候，这对事情的成败至关重要。

像我们都熟知的"将相和"的历史故事，如果蔺相如在廉颇正气势汹汹之时，去找他解释，与他理论，即使和颜悦色、平心静气，廉颇也可能一句也听不进去。这样不但不利于解决矛盾，反而极有可能引起新的冲突，使事态严重，对彼此双方更为不利。

为掌握解决冲突的"火候"，有人找到了一种"10％法"，即事情发生后，再等 10％ 的时间，这 10％ 的时间，你的朋友或对方，会因说出的话，办过的事向你道歉；这 10％ 的时间，也使你的头脑更清醒，而不至于在盛怒之下失去控制。

受到别人的伤害，我们很可能暴跳如雷、怒发冲冠，与其如此，不如暂且迫使自己先冷静下来，然后再去想应当怎样对待，要知道大多数人不是有意要伤害我们的。

事实上，我们永远也无法避免受伤害，它是我们生活的一部分。既然如此，何必忧之恨之？除此之外，要想别人不伤害你，还要时刻想到不要伤害别人，只有这样，才能活得轻松，活得愉快；也只有这样，你才能找到为你办事的人。

需要我们立马做的事就是最重要、最紧急的事，来不得任何拖延。做完了一件事后又可依此方法对下面的事进行分类。那么我们依据什么来分清轻重缓急，设定优先顺序呢？

善于办事的高手都是以分清主次的办法来统筹时间，把时间用在最有"生产力"的地方。

面对每天大大小小、纷繁复杂的事情，如何分清主次，把时间用在最有生产力的地方呢？下面是 3 个判断标准：

1. 我必须做什么

这有两层意思：是否必须做，是否必须由我做；非做不可，但并非一定要亲自做的事情，可以委派别人去做，自己只负责督促。

2. 什么能给我最高回报

应该用 80％的时间做能带来最高回报的事情，而用 20％的时间做其他事情。所谓"最高回报"的事情，即是符合"目标要求"或自己会比别人干得更高效的事情。

前些年，日本大多数企业家还把下班后加班加点的人视为最好的员工，如今却不一定了。他们认为一个员工靠加班加点来完成工作，说明他很可能不具备在规定时间内完成任务的能力，工作效率低下。社会只承认有效劳动。

因此，勤奋＝效率＝成绩/时间。

现在勤奋已经不是时间长的代名词，勤奋是最少的时间内完成最多的目标。

3. 什么能给自己最大的满足感

最高回报的事情，并非都能给自己最大的满足感，均衡才能和谐满足。因此，无论你地位如何，总需要分配时间于令人满足和快乐的事情，唯有如此，工作才是有乐趣的，并易保持工作的热情。

通过以上"三层过滤"，事情的轻重缓急很清楚了，然后，以重要性优先排序（注意：人们总有不按重要性顺序办事的倾向），并坚持按这个原则去做，你将会发现，再没有其他办法比按重要性办事更能有效利用时间了。

练习分清事情的轻重缓急，逐步学习安排整块与零散时间。不要避重就轻，事情肯定会有轻重缓急，先集中时间，把最重要的先完成，不重要的拖拉了自己也不后怕。利用好零散的时间做事，可以在不知不觉中完成繁琐的杂务，关键是不要怕办难办的事。

总之，只有在办事时把握住处理的火候，才能在短时间内把事情办得又快又好。

第四章 善于结交，轻松拥有丰富人际资源

多结交成功的朋友，学会高位蓄水

我们所处的是一个多变的时代，很多人喜欢用"瞬息万变"来形容这个时代，似乎很多东西都是我们把握不住的，成功的经验和模式也是如此，因此我们要学会把握成功模式和经验中最核心的东西。我们所要复制的不是成功人士的人生或者经历，而是他们的思维习惯。

心理学研究表明，环境可以让一个人产生特定的思维习惯，甚至是行为习惯，直接影响我们的工作效能与生活。和成功人士在一起，有助于我们在身边形成一种"成功"的氛围。在这种氛围中，我们可以向身边的成功人士学习他们的思维方法，感受他们的热情，了解并掌握他们处理问题的方法。

有这样一个故事，从中我们可以知道和成功人士在一起有多么重要。

"为什么你能成为千万富翁，而我只能成为百万富翁，难道我还不够努力吗？"一位百万富翁向一位千万富翁请教道。

"你平时和什么人在一起？"

"和我在一起的全都是百万富翁，他们都很有钱、很有素质……"那位百万富翁自豪地回答。

"呵呵，我平时都是和千万富翁在一起，这就是我能成为千万富翁而你只能成为百万富翁的原因。"那位千万富翁轻松地回答。

由此我们可以看出，造成百万和千万富翁差距的是他们所处的环境不同，也就是说交往的朋友不一样。有时决定一个人身份

和地位的并不完全是他的才能和价值，而是他与什么样的人在一起。女人要想取得成功，就必须结交一些成功人士，为自己的成功铺路。

和成功的人在一起不但能学习他们成功的思维和模式，还可以得到他们的帮助，让我们在成功的路上越走越顺利。但是，通常情况下，年轻女人很少有机会接近那些非常成功的人。这也没有关系，只要你的身边有一群准备成功的人，你也能被他们的情绪和冲劲感染，保持成功的欲望和信心。换句话来说，那些经历了失败、正在努力拼搏的人，也向你证明了某种方法的不可用性，这也是一种成功。

社交对女人大有裨益

这个社会，真才实学是一定要有的，但是如果只有真才实学，自己孤芳自赏，别人看不到你的光华，你也只能活在自己的世界里，自己欣赏自己的美。

俄国作家契诃夫说过："不和男人交际的女人渐渐变得憔悴，不和女人交际的男人渐渐变得迟钝。"与人相处，是女人生命的亮点。它不仅能照亮女人，也能让身边的人感到光彩夺目。崇尚社交是女人的天性，女人对交际有天然的敏感。男人的社交重心在于事业，女人社交的重点更多地体现在情感上。社交中的女人是"香气四溢的花朵，自然有蜂儿像云一样地聚集"。

"请学会社交吧，因为你的面前是成群的职业高手！"这是美国著名女性专家波尔·特丝对现代女性的一句忠告！交际是人类的基本需要，没有社交的女人是可怜的，没有女人的社交更是可悲的。随着社会的进步，女性参加社会活动的机会越来越多，女性从社交中获得的益处也越来越多。对一个人的人生而言，群体活动是其中的重要环节，人生就是在各种各样的群体活动中度过的。

社交对于女人是大有裨益的。

1. 在社交中展现自我

社交给了女人一片辽阔的展现自我的天空，女人也因为参与社交而变得更加聪明和豁达。德国著名哲学家叔本华曾说："人的社交，根本不是本能。也就是说，并不是爱社交，而是怕孤独。"而女人恐怕是最害怕孤独的了。在纷繁的世界里，女人如此渴望朋友、事业和爱情，如此期盼理解、认可和尊重。社交是女人获得心理平衡的重要途径。

2. 在交际中沟通感情

情感沟通是交际得以维持并向更密切关系发展的重要条件。女人在交际中多"输出"一些感情，就可能多一分回报，同时情感交流使得交际更有进展。

3. 在交际中满足需求

人类交往的目的是使社会成员实现个人需求，完成社会赋予的责任。因此，女人在社交中必须获取大量他人的经验和物质、精神力量，满足自身需求和弥补不足。

4. 在交际中获得生存

人类的发展影响着劳动的分化，每个人用自己的劳动为社会作贡献，同时又从社会中享受他人劳动带来的成果。没有交际，就没有劳动成果的交换，就没有现代化水平的生活。

5. 在交际中发展个性

现代心理研究表明，女性个性的构筑明显地纵横着交际的经纬。人的交际十分醒目地涂抹着个性的色彩，反过来，在交际过程中个性的调色板会沾上社会交际的颜料。

6. 在交际中寻求友谊

女人寻求友谊的高峰，同心理上的断乳期相伴随。特别是青春期后，自我意识加强，对友谊的渴求愈加强烈，对交际的需求也就与日俱增。

那么，女人如何才能建立自己持续而健全的人际关系呢？

1. 要确立交际系统的目标

一定要为你的人际关系系统确定一个关键的目标，不能漫无目的地到处寻找。你的交际目标定得越具体，你的关系网就越容易被联结起来。所以，一定要将你的愿望确立为一个可以用语言形容出来的具体目标，当你向这个目标前进时，才能交到对自己有实际帮助的朋友，为自己未来的道路奠定人际关系基础。

2. 要积极参加各种活动

每项活动都会为你提供扩大社交圈的机会。你可以事先思考一下，你希望认识哪些人，然后收集一些可以参与这些人交谈的信息。要尽量适应环境，因为如果你要求自己至少要和 3 个以上的人攀谈的话，就算是无聊地站在那里应酬也会令你感到紧张。只有多参与各种活动，被别人信赖的机会越高，才越有可能随时把自己推销出去。同时，积极参与各种活动还能获得同行的知识与经验，使自己成功的脚步更稳健、更扎实。

3. 把你的愿望告诉别人

不管你是想找一份新工作还是想买一台便宜的电脑，如果你并不知道谁能够帮助你，自我广告就可能派上用场。将你的愿望告诉所有你碰巧遇到的人，自己的口头广告肯定会让你受益匪浅。

4. 积极利用各种集会时间

活动前、讲座休息时或者是在午餐时，你都不要置身事外。你可以充分利用这些时间，结交一些你的同事、领导以及你身边不熟悉的人，因为事业的成功也可以是在下班时间取得的。

5. 注意收集信息

在与人交谈时，仔细而且积极地倾听，并且通过提问，还可以让谈话朝着你希望的方向发展。为了你事业的发展，应该收集一些联系方式和值得了解的信息。

与人交往、与人交朋友并不是一件难事，只要你能敞开自己的心扉。女人身上会有一些天真纯洁的影子，这对于在社会上混迹已久的人来说更是一种难得的亮点。很多人很喜欢和年轻人交朋友，来寻找或纪念自己逝去的青春年华。所以，女人要好好利用自己的这笔财富。

与别人的人际关系资源做个交易

女人要想拓展人际关系资源，最有效的方法就是与别人交换人际关系资源。因此，不妨拿你的人际关系资源与他人做个交易。

如果你有两个苹果，我有两个梨，彼此交换一个后，双方都有一个苹果和一个梨。同样，倘若你有一个非常好的人际关系网，我也有一个非常好的人际关系网，我们互相交换，那么，你有两个人际关系网，我也有两个人际关系网。因此，扩展人际关系最有效的方法就是与你的朋友一起分享和交换人际关系资源。

有这样一对父子，儿子是汽车推销员，父亲是保险推销员。

有一次，儿子向一位文化名人成功地推销了一辆汽车。一个礼拜后，这位文化名人突然接到一个陌生电话："××先生您好，我是汤姆的父亲，感谢您一个礼拜前向汤姆买了一辆汽车，我今天打电话是想通知您，请您明天抽时间开车回车行进行检查。"这位父亲知道，大凡名人都很忙，一般不会随便接受别人的邀请。所以，父亲想借这位名人回车行的机会请他吃饭。

第二天，这位名人如约而至，检查车况后，这位父亲对他说："××先生，为感谢您的支持，已到午餐时间，我想请您一起坐一坐，我们可以顺便聊一聊如何更好地维护您的爱车。我想您不会拒绝一个做父亲的请求吧？"文化名人盛情难却，接受了邀请。

席间，这位父亲说："像您这么成功的人士，一定会非常注意生活的品质，一定需要一份完善的保障计划。您帮助了我儿子，您一定也会帮助我的，我这里有一份保险计划书，请您留意看一下。"这位文化名人面对对方的盛情，实难拒绝，不得不接过保单。

几天后，这位父亲不断地打电话和亲自拜访，终于签下了一份保单。同样，这位父亲的儿子也向父亲的保险客户推销汽车。

这就是人际关系资源交换的有效运作。

我们所拥有的人际关系资源如同做生意，也是一种社会交换。我们跟朋友之间之所以可以维持互动关系，是因为我们各自有可以提供给对方的东西，而且这种交换是不同价值的交换。我们通过交换可以弥补各自的需要，这对双方都是有意义的。

因此，学会与你的朋友共享人际关系资源吧，到时你就会发现，当你们互相交换人际关系时，你们可以各自拥有更加丰富、完善的人际关系资源。

像清理衣柜一样整理你的人际关系

在工作与学习的过程中，搜集与组织自己的关系网是有可能的，但试图维持所有关系就不太可能了，而想要在现有的人际网络内加进新的人或组织就更加艰难了。因此，女人，在组建人际关系网的时候，必须学会筛选放弃。换言之，你必须随时准备重新评估早已变得难以掌握的人际网络，对现有的人际关系网重新整理，放弃已不再对你感兴趣的组织和人。这是生活中我们必须做的。筛选虽然不易，但仍是可以做到的，有失才有得，才有更好的人生等待着我们。

国际知名演说家菲利普女士曾经请造型顾问帕朗提帮她做造型设计。菲利普女士说："整理出来的衣服总共分成三堆：一堆送给别人；一堆回收；剩下的一小堆才是留给自己的。有许多我最喜欢的衣物都在送给别人的那一堆里，我央求帕朗提让我留下一件心爱的毛衣与一条裙子。但她摇摇头说道：'不行，这些也许是你最喜爱的衣物，但它们不适合你现在的身份与你所选择的形象。'由于她丝毫不肯让步，我也只得眼睁睁地看着自己的大半衣物被逐出家门。我必须学着舍弃那些已不再适合我的东西，而'清衣柜'也渐渐地成为我工作与生活的指导原则。不论是客户也好、朋友也好，衣服也罢，我们必须评估、再评估，懂得割舍，以便腾出空间给新的人或物。我也常用这个道理与来听演讲的听众分享，这是接受并掌握生命、生涯不断变动的一种方法。"

你的衣柜满了，需要清理与调整，以便腾出空间给新的衣服。同样的道理，你的人际关系网也需要经常清理。很多时候，当你要跟某人中断联系时，你根本无须多说什么。人海沉浮，当彼此共同的兴趣或者话题不复存在，便是分道扬镳的时候，中断联系其实是个顺其自然的过程。无息退出或者向负责人说一下情况，如何处理"脱队"事宜，应视具体情况而定。

清理人际关系网的道理也和清除衣柜类似。帕朗提容许菲利普女士留下的衣服，当然是最美丽、最吸引人，也是剪裁最得体的几套。"舍"永远不是件容易的事，虽然有遗憾，但从此拥有的不仅都是最好的，更重要的是也有更多空间可以留给更好的。

如果你对自己的人际网络做同样的"清除"工作，在去粗取精之后，留下来的朋友不就都是你最乐于往来的吗？女人应该把时间与精力放在让自己最乐于相处的人身上。平时需要奔波忙碌于工作、社交与生活之间的女人，筛选人际关系网络是你安排生活先后次序的第一步。

登门拜访，巩固老朋友，认识新朋友

有的人总怕麻烦，不愿打搅别人。所以，一年半载也不会去朋友家做客。但是，登门去拜访拜访老朋友，叙叙旧，不但能维护你们之间的关系，说不定还能碰到新的朋友呢，收获可能会很大。

拜访的好处有很多：

（1）在对方住处谈话比在公共场所气氛更融洽，双方都在一种无拘无束的气氛里面畅所欲言，并且比较容易接触到彼此的私生活，给大家的友谊发展做了铺垫。如果能够常到对方住处去拜访，双方的关系会很快地密切起来。

（2）到对方住处去拜访，还能有机会接近他的家人。如果我们同时也结识了他的父母、兄弟姊妹、妻子儿女，或是和他同住的亲戚朋友，那么，我们与对方的关系就更和睦、更巩固了。古语说"君子爱屋及乌"，如果我们对一个人真有好感，我们必定会对他的亲人和挚友同样产生兴趣。

（3）容易对对方有较深刻的认识。因为对方所住的地方、对方的家人和家里的布置装饰等，都会使我们更加深入地认识对方、了解对方。譬如，对方家里有一架电子琴或一套高级音响，多少可以知道他对音乐有兴趣。从对方拥有唱碟的种类，又可以看出对方偏好哪一种音乐，是古典音乐还是流行音乐，是中国音乐还是外国音乐。此外，对方墙上所挂的图画、相片以及他拥有的书籍、报纸杂志、小摆设、纪念品等，都可以增进我们对他的认识。有时，对方会向我们展示他的相册，这样，我们对他的过去也会得到更多的了解。

拜访朋友，会给你带来很多的好处，但是拜访一定要注意时间、距离以及交谈的共同性、彼此融洽性等等。

1. 要选择合适的拜访时间

最好是在工作时间内，应尽量避免占用对方的休息日、休假日或午休时间，如果没有急事，应避免在清晨或夜间拜访。拜访之前，最好以电话或其他通信方式与对方联系，约定一个时间，使被访者有所准备，不要做"不速之客"。最好讲明此次拜访需占用对方多长时间，以便对方安排好自己的事情。约定的时间要严格遵守，提前5分钟或准时到达，以免对方等得不耐烦。如果因特殊情况不能前往，应及时通知对方，轻易失约是极不礼貌的。

拜访对方最合适的时间多半是在平日的晚饭后，要避免在对方吃晚饭的时间去找他。如果对方有午睡的习惯，也不要在午饭后去找他。当然，更不要在对方临睡的时候去找他，一般在晚上9点半之后就不适宜去拜访了。如果在晚上11点后还去找人，会让人觉得你不礼貌。

一般人最容易犯的毛病就是过于重视自己的事情，如果得不到圆满的解决就无限制地在对方家里拖延下去。结果，耽误别人的时间，扰乱别人的生活秩序，使对方产生不良的印象，很容易破坏彼此的友谊。

2. 开头的客套话少不得也多不得

一见面，朋友间肯定会说一些客套话，但是客套话一般只作为开场白，不宜过长，避免过于客气使人产生陌生感。

朋友初次见面略谈客套后，第二次、第三次的见面就应尽量少用那些"阁下""府上"等名词，如果一直用下去，则真挚的友谊必然无法建立。客气话是表示你的恭敬或感激，不是用来敷衍朋友的。客气话的"生产过剩"，必然损害轻松的气氛。

如果拜访对象是熟人、老朋友，滥用客套话，彼此保持"过远"的距离，会使双方都感到别扭、不舒服，甚至还可能导致相互猜疑，产生误会。长此以往，还会影响你们之间正常的友谊。

拜访比自己级别高的人，或握有某种权势、拥有某种优势的人，不宜靠得太近，至于拍拍打打之举更不可随便用。否则，对方就会认为你是与他"套近乎"，影响拜访效果。

3. 说一些平常的话

著名作家丁·马菲说过："尽量不说意义深远及新奇的话语，而以身旁的琐事为话题，这是促进人际关系成功的钥匙。"

一味运用令人困惑与吃惊的话，容易使对方觉得你华而不实、锋芒毕露。受人支持与信赖的人，大多并不显得才情焕发、一鸣惊人。

尤其对一个初识者，最好不要刻意显出自己的显赫，要让对方认为你是个善良的普通人。如果一开始你就不能与他人处于共同基础上，对方很难对你产生好感。如果你摆出一副盛气凌人的样子，别人也会用同样的态度对待你。

4．尽量谈一些共同的话题

任何人都有这样一种心理特性，例如，同乡或同一公司的人往往不知不觉地因同伴意识、同族意识而亲密地联结在一起。若是女性，也常因血型、爱好相同产生共鸣。

如果你想得到对方的好感，利用此种方法，找出与对方拥有的某种共同点，即使是初次见面，无形之中也会涌起亲近感。一旦缩短彼此的心理距离，双方很容易推心置腹。

5．适当给予好评

任何人都有自鸣得意的事情，但是，再得意、再自傲的事情，如果没有他人的询问，自己说起来也毫无优越感。因此，你若能恰到好处地提出一些问题，定能使他欣喜，并敞开心扉畅所欲言，你与他的关系也会亲密起来。

心理学家认为：人是这样一种动物，他们往往不满足自己的现状，然而又无法加以改变，因此只能各自持有一种幻想中的形象或期待。他们在人际交往中非常希望他人对自己的评价是正面的，例如，胖人希望看起来瘦一些，老人愿意显得年轻些，急欲提拔的人期待实现的一天等。

所以，去拜访别人的时候，一定要灵活应对，引导对方谈一些得意的事情，并时时给予好的评价。

6．谈话也要有一些爱好

表现出自己的关心，必然能赢得对方的好感。

卡耐基认为：在招待他人或是主动邀请他人见面时，事先应该搜集一些对方的资料。这不仅是一种礼貌，而且可以满足他人的要求，使他感受到你的关心和热忱。

记住对方说过的话，事后再提出来当话题，也是表示关心的做法之一，尤其是兴趣、嗜好、梦想等，对对方来说，是最重要、最有趣的事情。一旦提出来作为话题，对方一定觉得开心，从而也就拉近了彼此的距离。

7. 拜访时的寒暄不能忽视

拜访对方时要多利用寒暄，它是人们之间，尤其陌生人见面时的必要桥梁，能消除人们之间的陌生感。寒暄，更为争分夺秒者赢得必要的准备时间、积极进攻或防守的力量，能缩短双方的距离。寒暄并不是使人"寒"，而是给人"暖"。

采访陈景润的湖北记者就深谙此理。他与数学家的夫人由昆寒暄的第一句话是："听说你是我们湖北人，怎么普通话说得这么好啊？"由昆喜悦地回答："是吗？我跟湖北人还是讲湖北话呢！"于是，双方都沉浸在"老乡"相识的愉快之中，话语自然多起来，气氛也活跃得多，这正是采访者所需要的。

倘若语言生硬，采访者怎么可能了解科学家的家庭生活呢？

拜访时，我们还要注意以下9点：

（1）进门前要敲门或出声打招呼。冒昧地闯入会使主人措手不及，让主人觉得你没礼貌、缺乏教养。

（2）初次相见，要注重自己的仪表，不然别人会产生不悦之感。若有必要，给老人或小孩带点小礼品，礼轻情义重。

（3）若带有小孩，应看管好，不要让孩子乱闹乱翻。若主人用瓜了、糖果招待，应尽量注意房间卫生。

（4）做客要有时间观念，有话则长，无话则短，不要东拉西扯，废话不断；否则，会使主人不耐烦。

（5）不要乱翻乱动主人的东西，甚至乱闯主人的卧室，这样并非亲热之举，而是对主人不尊重，若触及人家隐私，更会让彼此都尴尬。

（6）若主人想留你吃饭，应考虑是否有必要；当和主人一起进餐时，应注意不要"太淑女"，也不应狼吞虎咽、旁若无人。

（7）做客既不要过于拘束，也不要轻浮高傲，落落大方才是做客应有的尺度。

（8）告别主人时，应对主人的款待表示感谢，如有长辈在家，应向长辈告辞。

（9）主人送出大门要及时请他们留步。切忌在门口废话太多拖拖拉拉，使主人在门外站立过久。

那些你生命中的老朋友，因为他们对你很了解，他们会在你的人生道路上起到不可或缺的作用，会给你带来心灵上的帮助，会是你人生的一盏灯，会是你感情的支柱，会是你穷困潦倒时的避难所，所以更值得珍惜。而新的朋友，不仅能扩大你的人际关系网，同时能拓宽你的视野与知识，提升你的竞争力。

平时多联络，人情更浓

有些年轻女人做人过于功利，平时对人不冷不热，甚至还冷嘲热讽，有事时则像是换了副脸孔似的，显得特别热情，但这样做人往往很难成功。如果你这么做，聪明人会知道你只是把他当作利用工具，不可能甘心为你办事。如果你想让他们帮你办事，就一定要用心，平时多联系。

一个人能否发达，有很多的因素影响，比如机遇。你的朋友当中，有没有怀才不遇的人？如果有，这个朋友你应该真诚相待。因为他尚未发达，可能不会礼尚往来，不过，他心中绝对不会忘记未还的礼，这是他欠的人情债，人情债欠得越多，他想还的心越切。所以日后他否极泰来，第一个要还的人情债当然是你的。当他有清偿能力时，即使你不去要，他也会主动还你。这时候如果你有求于他，就是轻而易举的事情了。

很显然，人与人之间的关系会随着平时联络的增加而加深，久不见面的朋友自然会日渐疏远。建立人际关系，就是要把朋友都兼顾到。

如果你身为上班族，记住不要一天到晚埋头在办公桌前，不论多么忙碌的人，也总会有吃饭的时间和休息的时间。至于那些从事业务工作的人，更是整天都在外面奔跑，只有吃饭时间才会回到公司，这样更可以多利用在外面跑的机会，联络那些久疏联络的朋友。至于整日守在办公桌边的人，则不妨利用午餐时间，与在同一地区工作的朋友共进午餐。与其每天一个人吃饭，不如偶尔打个电话约其他朋友一起吃顿饭，如果没有时间一起吃饭，一起喝杯咖啡也可以。

在外面奔波的人不妨利用各种机会顺路探访久未见面的朋友，即使是 5 分钟也可以，利用中午休息时间和对方一起吃顿便饭。虽然只有短短的 5 分钟，但对与对方保持长久联系非常重要。

下班后，大家一起喝杯茶。不论是迎新送旧还是大功告成，找各种理由大家一块儿聚聚，这不只是大家互相联络感情，也是松弛一下平日里紧张神经的好机会。人原本就有喜新厌旧的本性，比起早已熟知的朋友，新朋友更能吸引我们频频与之接触。

对人情的投资，最忌讳的是急功近利，因为这样就成了一种买卖，说难听点就是一种贿赂。如果对方是有骨气之人，更会感到不高兴，即使勉强接受，也并不以为然。日后就算回报，也是没什么好处可言。

平时不联络，事到临头再来抱佛脚就来不及了。人际关系不只在建立，也要重视平时的经营，否则时间长了，关系也容易淡化。

从现在起，女人要多注意一下你周围的朋友，多多交往，真诚相待。

不要忽视和放弃任何一个"小人物"

女人在营造人际关系网时，不可忽视身边"小人物"的作用，聪慧的女人深谙此理。在许多领导身边的"小人物"都发挥着举足轻重的作用。

清朝雍正皇帝在位时，按察使王士俊被派到河东做官，正要离开京城时，大学士张廷玉把一个很强壮的佣人推荐给他。到任后，此人办事老练、谨慎，时间一长，王士俊很看重他，把他当作心腹使用。

王士俊任期满后准备回京城，这个佣人忽然要求告辞离去。王士俊非常奇怪，问他为什么要这样做。那人回答："我是皇上的侍卫某某。皇上叫我跟着您，您几年来做官，没有什么大差错。我先行一步回京城去禀报皇上，替您先说几句好话。"王士俊听后吓坏了，好多天一想到这件事就两腿直发抖。幸亏自己没有亏待过这个人，要是对他有不善之举，可能小命就保不住了。

这个例子告诉年轻的女人们，千万不可轻视身边的那些"小人物"，跟他们搞好关系非常重要。这些人平时不显山不露水，但是到了关键时刻，说不定就会成为左右大局、决定生死的"重磅炸弹"。

平常无论是说话还是办事，一定要记住：把鲜花送给身边所有的人，包括你心目中的"小人物"。不要时时处处表现出高人一等的样子，要知道，再优秀的篮球运动员也不可能一个人赢得整场比赛，再有能力的人也不可能把所有的事情都办好。在经营管理中，人的因素至关重要，有了人才会有事业、有情义，同时才会带来效益。俗话说："不走的路走三回，不用的人用三次。"说不定有一天，你心目中的"小人物"会在某个关键时刻成为影响你的前程和命运的"大人物"。

常言道："深山藏虎豹，田野隐麒麟。"更何况朋友一百个不算多，冤家一个就不少，越是小河沟越可能会翻大船。所以，女人要营造良好的人际关系，就要随时随地广泛交往，重视身边的"小人物"，多结善缘。

对于"小人物"一般不要轻易得罪，不要与他们发生正面冲突，要学会与"小人物"交朋友。俗话说，多一个朋友多一条路。不要用实用主义的观点去处理与"小人物"的关系，应记住：你平时花在"小人物"身上的精力、时间都是具有长远效益和潜在优势的。在不远的将来，也许就在明天，你将得到加倍的报答。

借名人声望壮自己声势

在当今社会，人们已经广泛且频繁地开始运用"借力"这种手段，尤其是借名人之力，对于人际交往，不失为一种提高自身形象、扩大自己影响的策略和技巧。你可以巧借名人，如谈话中常出现一些身份很高的人的名字，你在别人眼里就不同寻常；巧借名地，如对有地位、有身份的人常去的地方，你不要不好意思表白，这也可以作为提高你的身份的资本；巧借名言，如请社会名流为你题个词，请专家教授为你写的书作个序，请明星为你签个名等等。被社会承认，是人的正当追求，而借助名人提高自己的社会知名度，就是可取的方式之一。

翻开历史，古往今来的成功者，谁也不是一生下来就大名鼎鼎，一出山就风光耀眼、一呼百应。他们大多总是先隐蔽在某些大人物的后面，借他的声望来壮大自己的声势，等时机成熟，才另起炉灶，扬名天下。

马尔科姆·福布斯是一个善于借用名人声望壮自己声势的典型人物。

马尔科姆·福布斯在和好莱坞巨星伊丽莎白·泰勒认识之前，已经是杂志出版界里响当当的人物，而他那些乘热气球、骑摩托车及收藏法比杰金蛋、玩具士兵、总统文件等怪异作风，又为他添了不少名气，更使得原来清晰的名字被传媒冠以越来越多光怪陆离的名称。不过，纵然如此，他的知名度如果和超级巨星比起来，还有一段距离。因为，再怎么有名的杂志大亨，圈外人知道的也还是不多。这就像棒球英雄一样，对不看棒球的人来说，再大的棒球英雄在他面前也只是无名小卒。

到底怎样才能壮大自己的声势呢？那就是利用名人的关系，借用名人的名气。伊丽莎白·泰勒曾两次荣获奥斯卡提名奖，因担任《埃及艳后》主角而被世人尊称为"埃及艳后"，而她本人也被称为"好莱坞的常青树"。

马尔科姆与伊丽莎白·泰勒凑在一起是缘于一次商业合作。

泰勒为了推销新上市的"热情"香水，想找一个名声响亮而品位高雅的百万富翁帮忙，于是她找到了马尔科姆。因为这种香水的使用对象是品位高而又性感的淑女，被她的香水吸引过去的则必须是品位高而又性感的百万富翁，马尔科姆正好符合这个标准，而且他本人对此似乎也觉得荣幸之至。

这对马尔科姆来讲，简直就是天上掉下来的一个扩大知名度的绝佳机会。

"做这个国际巨星的护花使者，就如同往银行里存钱一样。"

马尔科姆为自己大出风头的时机即将到来而雀跃不已。虽然在场的镁光灯全都对准泰勒，但只要和泰勒站在一起，还愁自己不能成为全世界瞩目的焦点吗？

"我做什么都是为享受人生，扩展事业。"马尔科姆表示他与泰勒出双入对可以达到目的。虽然马尔科姆经常表示他和泰勒无意结婚，但同时也经常做出一些小动作，让外界保持对他们的浪漫幻想。

还有一次，《新闻周刊》的记者采访马尔科姆，提到有传言说他向泰勒求婚。马尔科姆笑着回答说那只是空穴来风，不过他并没有否认他们之间的罗曼史。

　　但不管怎么说，马尔科姆借助这种与名人的友谊所获得的经济效益的确越来越大。很多从不涉足商界的人因为伊丽莎白·泰勒而知道了马尔科姆，马尔科姆的名声越来越响亮。

　　马尔科姆为伊丽莎白·泰勒和她所致力的艾滋病防治运动投入了不少时间和金钱，在他70岁寿诞时，他收获了巨大的回报。

　　1987年，马尔科姆为庆祝70岁大寿在摩洛哥皇宫举办了一场晚宴，这次宴会总共有800多名工商巨子和政客显贵参加，包括记者在内的来客，所有的交通费用都由福布斯承担。出席宴会的名人大致可分为两种，一种是家喻户晓的明星级人物，如巴巴拉·华特丝、亨利·基辛格、李·艾柯卡以及来自石油世家的哥登·盖堤、大都会传播企业的克鲁吉、英国出版王国的麦克斯韦尔、英国企业界霸主詹姆斯·高史密斯等；另一些贵宾则是福布斯出版企业的衣食父母，包括美国信托公司的丹尼尔、20世纪福斯特公司的巴端·泰勒、国际纸业的乔吉斯、西屋公司的马如斯、丰田公司的东乡原、福特公司的哈洛·波林、通用公司的罗杰·史密斯等。

　　这些世界上响当当的大人物，可以说是马尔科姆最宝贵的"收藏品"。他们的出现，不断为马尔科姆带来名望和利润。

　　女人想拥有不平凡的人生，一定要懂得如何借力。通常情况下，借助名人的社会影响会使自己拥有更好的形象，促进所办之事顺利进行。

第五章　巧借外力，求人办事要讲策略

求人办事，先开一个好头

女人在社会中摸爬滚打，当遇到自己无法办妥的事情时，求人办事是必不可少的手段。俗话说：万事开头难。向别人提出要求是件很难的事情，不仅是你，对方也会感到有一定的麻烦存在。所以有效的语言手段非常必要，如果掌握了技巧，难事也就变得容易了。

1. 通过旁敲侧击达到目的

生活中为人求情、代人办事常常遇到令人不满意的情况，可是只要你学会委婉的表达方法，旁敲侧击，通常能起到意料不到的效果。

战国时，韩国修筑新城的城墙，规定限十五天完工，大臣段乔负责此事。有一个县拖延了两天，段乔就逮捕了这个县的主管官员，将其囚禁起来。这个官员的儿子为了解救父亲，找到管理疆界的官员子高，请子高去替父亲求情。子高答应了这件事。

见了段乔后，子高并不直接提及放人的事，而是和段乔共同登上城墙，故意左右张望，然后说："这墙修得太漂亮了，真算得上是一件了不起的功劳。功劳这样大，并且整个工程结束后又未曾处罚过一个人，这确实让人敬佩不已。不过，我听说大人将一个县里主管工程的官员叫来审查，我看大可不必，整个工程修建得这样好，出现一点小小的纰漏是可以原谅的，又何必为一点小事影响您的功劳呢？"

段乔见子高如此评价他的工作，心中甚是高兴，然后又听子高的见解也在情理之中，于是便把那个官员放了。

那个官员之所以能够获免，就在于子高的求情。子高先把一顶高帽子给段乔戴上，然后就事论题，深得要领，不能不令人拍案叫绝。其实，一般人都存在顺承心理和斥异心理，合自己心意的就容易接受。因此，顺应事物的发展规律，巧言游说，便容易成功。

2. 用商量的口气

以商量的口气把要求办的事儿说出来不失为一种高明的办法。如：

"能不能快点把这事儿给办一下？"

"这事儿给办一下是不是可以？"

装作自己没把握，把请求、建议等表达出来，给对方和自己留下充分的退路。如："你可能不愿意去，不过我还是想麻烦你去一趟。"

在向别人提出建议时，如果对方在话语中表示他可能不具备有关条件或意愿，那就不要强人所难，要把握好分寸。

3. 央求不如婉求，劝导不如引导

求人办事儿的规律：央求不如婉求，劝导不如引导。

在运用这一策略的时候，要注意的是：引导别人参与自己事业的时候，应当首先引起别人的兴趣。

当你要引别人去做一些很容易的事情时，先得给他一点小胜利。当你要诱导别人做一件重大的事情时，你最好给他一个强烈刺激，使他对做这件事有一个想要成功的愿望。在此情形下，他已经被一种渴望成功的意识支配了，就会很高兴地为了愉快的经验再尝试一下。

总之，要引起别人对你的计划的热心参与，必须先引导他们尝试一下，可能的话，不妨让他们光从一些容易的事儿入手，这些容易成功的事情，在他们看来，往往是一种令人兴奋的真正的成功。

人都是情感动物，只要你能打动他，他必然会欣然应允你的

要求，而适当的语言策略会使求人的气氛变得友好、和谐。

择善而从，选择能够帮助自己的人

俗话说："七分努力，三分机运。"许多女人一直相信"爱拼才会赢"，但偏偏有些女人付出的努力和最终的结局无法成正比。究其原因，是缺少他人相助所致。在向事业高峰攀登的过程中，有人相助绝对是不可缺少的一个环节。有人相助，可以使你尽快地取得成功，飞黄腾达、扶摇直上。

"借助他人的力量往上走"，这是全球最成功的华裔女性、雅芳 CEO 钟彬娴的成功经验。《时代》杂志曾评选出了全球最有影响力的 25 位商界领袖，钟彬娴是唯一入选的华人女性，她的成功之路被许多人认为是一个奇迹，而奇迹中蕴含的奥秘看起来真的很简单。1979 年，一无背景、二无后台的钟彬娴以优异的成绩从普林斯顿大学毕业。当时她决定在零售业锻炼一段时间，然后再进入法学院学习法律。在她看来，零售业的经验将对她的法律学习有很大的帮助。零售业的经历可以培养她的悟性，锻炼脸皮与耐性。于是她加入了鲁明岱百货公司，成为一名管理培训人员。

钟彬娴的家族成员都是专业人士，唯独她一个人入了零售行业。因此，当她面对零售工作，与客户打交道时，体会到了工作的艰辛，但她并没有放弃，而是决心在工作中开拓自己的人际关系。

幸运的是在鲁明岱百货公司，钟彬娴遇到了公司首位女副总裁万斯。此人自信机智，讲话清晰有力，进取心强，是女人中的精英。钟彬娴意识到，如果要在相互搏杀的商业社会里叱咤风云，就必须摆脱亚洲人善于服从的特性的束缚。于是，为了向万斯学习丰富的工作经验和技巧，钟彬娴像对待老朋友一样对待万斯，用心来交流，用真诚来互动，很快取得了其信任，让她心甘情愿地充当自己的职业领路人。

"有些人只等着机会来临，"钟彬娴说，"我不这样，我建议人们要抓住能带你飞翔的人的翅膀。"在万斯的帮助下，钟彬娴在鲁明岱百货公司升迁很快，到了20世纪80年代中期，她已成为销售规划经理、内衣部副总裁。

后来，钟彬娴开始兼任有着110多年直销历史的雅芳公司的顾问。在雅芳，钟彬娴卓越的才华和超绝的人际关系拓展能力吸引了雅芳CEO普雷斯的注意力。7个月后，钟彬娴正式加盟雅芳公司。时间长了，她发现在这里没有挡住女性升迁的玻璃天花板，女人也有很宽很广的发展空间。很快，钟彬娴便在雅芳拥有了自己的人际关系资源，并以卓越的管理才能获得了普雷斯的认可，与之结为好友。

一个没有任何背景的女性，在40岁出头就能有如此令人羡慕的成就，这不能不说是一个奇迹。而钟彬娴成功的关键就在于善于建立自己的人际关系，找对了自己职业生涯中的关键人物。

心理学家曾做过一项研究，研究对象均为学术智商很高的科学家，他们之中有的人出类拔萃，有的人成绩平平。为什么差距这么大？原来有成就的人往往善于交际，拥有自己的交际圈，善于借势，不放过生命中的每一个可以帮助自己的人，从那些人身上获得自己所需的物质和精神、脑力和体力上的帮助。

生活中，每个人的精力和交际范围都很有限，如何在有限的交际中获得无限大的收益呢？二八法则告诉我们：生命中，20%的付出将产生80%的回报（其余80%的付出却只收获20%的回报）；20%的人际关系，会对你的一生造成80%的影响。因此，让80%的人喜欢你，避开20%不必交的、不可交的人。

我们要知道，生命中有些人是没有必要深入交往的。比如旅游途中停留客店的房主、超市里的售货员，这些多是远离你生活圈的人，只要不让对方讨厌自己就够了。

还有的人是不可交的，所谓"择善而交"也正是这个意思。

和那些思想堕落、行动腐化、不思上进的人混在一起，只会把你引上歧途，降低你的人格，还是远离他们比较好。

此外，努力让 80％ 的人喜欢你，并和你生命中重要的 20％ 的人建立深厚的感情和密切的联系。当然，在 80％ 的人中包括了对你非常重要的 20％ 的人。赢得家人的喜欢，增进和他们的感情，因为他们关乎你的成长和生活；多和学习、工作中的关键人物沟通，他们能帮助你顺利从业、愉快工作、寻求发展，这些关乎你一生的成就；和能深入你心灵的朋友多多联系，这关乎你性情和性格的塑造……

总之，避开 20％ 不可能成为朋友的人，和 80％ 的人友好而安然地相处，把握其 20％ 的关键人物，是女人获得成功与幸福的不二法门。

巧妙赞美助你办事成功

人性的弱点决定了人是最禁不住赞美的，女人在求人办事时，必须要学会赞美的技巧，这不仅能很容易办成事，而且还会让对方对你产生好感。

在世俗社会里，会说赞美话的人，办事儿会更顺利些。当一个人听到别人的赞美话时，心中总是非常高兴，脸上堆满笑容，口里连说"哪里，我没那么好"、"你真是很会讲话"，即使事后冷静地回想，明知对方所讲的是恭维话，却还是没法抹去心中的那份喜悦。

赞美人是一种放之四海而皆实用的办事技巧，当对方听到你的赞扬时，心中会产生一种莫大的优越感和满足感，自然也就会高高兴兴地帮你办事。即便事情有点难度，但为了维护自尊心，满足虚荣心，他也会硬着头皮为你办的。

美国黑人富豪约翰逊决定在芝加哥为公司总部兴建一座办公大楼。他出入无数家银行，但始终没贷到一笔款。于是他决定先上马后加鞭，他设法将自己的数万美元凑集起来，聘请一位承包商，要他放手建造，自己再想方设法筹集剩下的 300 万美元。

建造施工持续到所剩的钱仅够再花一个星期的时候，约翰逊终于取得一个机会，就是与当地一家实力雄厚的银行的贷款业务主管一起吃晚饭。利用这个机会，约翰逊准备拿出经常带在身边的一张蓝图摊在桌上时，银行主管对约翰逊说："这儿不便谈话，明天到我的办公室来。"

第二天，当约翰逊断定该银行很有希望给他抵押借款时，他说："好极了，唯一的问题是今天我就需要得到贷款的承诺。"

"你一定在开玩笑，我们从来没有在一天之内给过这样的贷款承诺。"银行主管回答。

约翰逊把椅子拉近说："你是这个部门的主管。也许你应该试试看你有无足够的权力把这件事在一天之内办妥？"

对方微笑着说："你这是逼我上梁山，不过，还是让我试一试看。"

他试过以后，本来说办不到的事儿竟然办到了，约翰逊也在钱花光之前几个小时回到了芝加哥。

一个有地位的人，荣誉感会更强，他是不会容许别人质疑他的权威的。女人们只要能抓住这一点，办事自然就很容易成功了。

凭借赞美达到办事儿目的的例子，在日常生活中还有很多很多。一般情况下，赞美他人的自尊、名声、荣誉、能力等，都可以作为办事的武器。

某市文化公司要建一座现代化的写字楼。这一天，公司王经理在办公，家具公司的李小姐找上门来推销办公家具。

"哟，好气派！我从来没有见过这样漂亮的办公室。如果我有一间这样的办公室，我这一生的心愿就都满足了。"李小姐这样开始了她的谈话。她用手摸了摸办公椅扶手，说："这不是红木吗？难得一见的上等木料哇！"

"是吗?"王经理的自豪感油然而生。说罢,不无炫耀地带着李小姐参观了整个经理室,兴致勃勃地介绍设计比例、装修材料、色彩调配,兴奋之情,溢于言表。

后来,李小姐顺利地拿到了王经理签字的办公室家具的订购合同。她达到了推销的目的,也给了王经理一种心理上的满足。

李小姐成功的诀窍,就在于她了解交往对象的心理。她从王经理的办公室入手,巧妙地赞扬了王经理所取得的成绩,使王经理的自尊心得到了极大的满足,并把她视为知己。这样,办公家具的生意也就自然非李小姐莫属了。

求人办事,先引起对方的兴趣

女人在与人交往的过程中,如果想寻求别人帮助,对方能不能答应你的要求,能不能全力帮助你把事情办成,关键就在于他心里是怎么想的。

有心理学家曾经做过一个实验:在实验中,让一些女助手扮演成乞丐到大街上乞讨,在不打算引起路人注意的情况下,女助手提出的请求是:"您能给我一些零钱吗?"或者是:"您能给我一个 25 美分的硬币吗?"为了引起路人的注意,并且不至于让路人一下子就拒绝,另一组助手提出了不同寻常的请求:"您能给我 17 美分吗?"或者:"您能给我 37 美分吗?"

结果表明,第二组助手的请求引起了许多路人的兴趣,大约有 75% 的路人将助手所需要数目的钱给了他们;而在前一种情况下,只有很少的路人给了她们一些钱。很显然,人们对什么事儿有兴趣或认为什么事儿会有满意的回报,就会乐于对什么事儿投入感情、精力,甚至资金。心理学家也告诉我们,人们怎样想一件事情完全是外在情趣和利益诱惑的结果。他对 A 问题感兴趣或者想获得 A,他就会说对 A 有利的话,也会做对 A 有利的事,反之,他便具有原始的不自觉的拒绝心理。所以,我们在社交中要想改变他人的看法，在办事时要想争取对方应允或帮忙，就应该设法使对方对这件事产生积极的兴趣，或者设法让对方感觉到办完这件事后会得到自己感兴趣的利益。

利用兴趣求人办事必须让对方感到自然愉悦、大有希望，只有用兴趣把对方吸引住，对方才肯为你的事付出代价。

在具体运用时还需要掌握一些小窍门：

一是利用那些新颖的东西引起他人的好奇心，使他常常情不自禁、穷追不舍地要弄个明白，这时人们就会对你产生强烈的兴趣，不由自主地跟你"黏"在一起，再进一步，就可能按照你的思路走了。

二是当我们很谨慎地根据他人的经验、兴趣来设法接近他人时，除了拿出新颖的东西之外，还得掺和着一些别人熟悉的成分。因为我们的目的是抓住他人的注意力。

所以，女性朋友们在求人办事之前不妨先激起对方的兴趣，这样会大大增加成事的可能性。

自我提升，创造办事条件

女人在求人办事时，博弈手段一定要灵活，特别是在商业场合求助于陌生人时，如果自身力量较弱，处于劣势，那么你不妨巧用一些手段，把身价抬高，增加自身分量，这样你才好求人。当然，如果无限度地拔高自己只能是玩火自焚。

商业场合，本就虚虚实实，谁也无法完全摸清商业伙伴和竞争对手的底细。在这种大环境下，如果你势力弱而又想把事业做大，那么你就应该多往脸上贴金，抬高身价，至少给对方一个你实力强大的假象，只有这样，你才能成功地借助对方的力量。

有一年，国际木材市场需求增加，价格上扬，某大型林场看准这一时机，将林场的木材打入国际市场，市场反映良好。然而好景不长，几个月后，由于市场竞争激烈，木材的价格又大幅下跌，如果继续坚持出口，林场将每年亏损上千万元。面对危机，场长认为，参与国际交易他们是后起者，在强手如林的情况下，挤进去非常不容易，应想办法站住脚才行。如果一遇风险和危机就退出来，那么，想再占领市场就会更困难。于是他决心带领大家从夹缝中冲出去。为此，他亲自到欧美一些国家做市场调查，搜集信息，寻找合伙对象，开辟新市场。

在国外，场长找到一个著名的家具生产集团。场长开门见山地说明来意，希望那家公司能够把他们的林场作为原料采购基地。对方公司总经理说："现在我们的原料供应系统很稳定，你有什么优势让我们把别的公司辞掉，而选用你们的木材？"场长对此不卑不亢地列举了该林场的三大优势：第一，我们林场的木材质量有保证，有很高的信誉；第二，我们可以长期合作，保证长期供货，长期供应可以在价格上给予一定的优惠；第三，我们林场有自备码头，保证货运及时，并有良好的售后服务，更重要的一点是保证信守合同。场长在大谈林场的三大优势后，还不紧不慢地对外方总经理说，林场刚刚与国际上另一家知名公司签订了供货合同。那位经理听说连那样的大公司都与这家林场签订了合同，看来林场实力不弱啊！他立即同意就供货问题正式洽谈。签订合同之前对木材进行现场检测。经检测，木材质地良好，是家具原材料的上上之选，经过一番讨论，双方终于正式签订了合同，该林场在国际市场上也站稳了脚。

一般人求人，态度一定会低三下四，让对方可怜，好像只有这样才容易获得救助。但是，这种人对方可能见得比较多，也就会见怪不怪了。如果你一反常规，巧用手段提升自己，从气势上并不输给对手，然后你再故意说一些抬高身价的话，对方肯定会觉得你或许真的实力不凡。正如上例中，那位场长没有刻意地恭维对方，而是底气十足地向对方提出要求，紧接着在不经意中道出自己与另一家公司签订了合同，无形中抬高了己方的身价，让对方对他刮目相看，如此一来事情自然好办多了。

平常办事时，女人们不妨也改变以往谦恭谨慎的求人法，用一些博弈手段自我提升，为自己更好地办事创造条件。

善意的谎言要说得真诚

在工作和生活中，为了能办成事情，女人也需要学会说一点善意的谎言，这样既能避免尴尬，又能求得别人替自己办事，何乐而不为呢？

虽然我们应该以诚待人，应该说真话，但有时谎话也是有必要说点的。例如，某人患了不治之症，知道这一情况的亲友多不会以实情相告。其实，在一般的交际活动中也常有说假话产生好效果的时候，而且说谎的方式也是多种多样的，不必拘泥于直接而简单地说上一句骗人的话。

在某个时候说点谎话，能使本来很有距离的双方达到某种共识，使进一步的交流成为可能。

有个女企业家新开了一家大型书店，想请某著名书法家为其题字。于是，她和一位朋友就去拜访这位书法家。谁知那位书法家为人严肃，不苟言笑。坐了半天，除了开头说了几句应酬话，一直处于让人尴尬的沉默中。

忽然，那个女企业家看到书法家的鱼缸中养了几条热带鱼，其中几条色彩斑斓，游起来让人眼花缭乱。那个女企业家知道这鱼叫"地图"，自己也养了几条，还很得意地为朋友介绍过。书法家见那个女企业家神情专注，就笑着问："还可以吧？才买的，见过吗？"就听这个女企业家说："还真没见过。叫什么名字？我也想养几条呢！"当时她的朋友不解地看看她，心想："装什么糊涂，你不是上星期才买了几条养在家里吗？"

那位书法家像是遇到了知音，说说笑笑，如数家珍地给她讲每条鱼的来历、名称、特征，又拉着她到书房看他收集的各类名贵热带鱼的照片，气氛顿时活跃起来了。他们一直聊到吃过晚饭才走。而在聊天中，那位书法家得知女企业家的大型书店开张在即，甚至主动提出赠给对方一副题字，恭贺她生意兴隆。这时，朋友才明白女企业家说谎的用意。

一句谎话使书法家前后判若两人，本来几乎陷入僵局的交谈又顺利进行下去了。若据实相告，那场面很可能会继续尴尬下去。

在生活中求人办事的时候，有些情况下真话比假话伤人，这时你就需要适当地说一些无伤大雅的谎言，既避免损伤对方的面子，也能更好地维护彼此的友好关系，促进彼此的合作。但在说善意的谎言时也要注意，不要弄巧成拙。

下篇
会赚钱

第一章　"拿下"职场，是你钱包鼓起来的关键

"拿下"职场，是你钱包鼓起来的关键

想要理财的女性朋友都要明白一个道理：想要理财，首先必须要有财可理。我们每个人都不可能生来就有钱，钱都需要我们去挣才能够进入我们的钱包，这样我们才能够有打理钱财的机会。所以，想要理财，就必须要让自己空空洞洞的钱包鼓起来，而"拿下"职场，是我们钱包鼓起来的关键。

36岁的罗莹莹，初中毕业后只工作了3个月，就再也不肯工作了，每天就是吃饭、看电视和睡觉，无论家里人说什么，都改变不了她的现状。每次给她介绍工作，她都找各种借口给推辞掉，不是嫌工资低，就是嫌路太远。后来，大家也就不再愿意给她介绍工作了。现在，社会上掀起了一股理财的热潮，她也有点心动，突然发现，自己一点钱都没有，每天都是吃家里的、喝家里的，自己手里从来就没有拿过一毛钱，怎么理财呢？

确实，没有钱怎么理财呢，就像罗莹莹一样，自己毕业之后不工作，只在家里待着，吃家里的，喝家里的，自己从来没有拥有过一分钱，这样的人，即使她的理财欲望十足也没有财可供她理啊。所以，为了让自己有财可理，我们就要想方设法去挣钱。

挣钱的方式很多，可以自己创业自由挣大钱，也可以参加工作领取固定的工资，或者是用其他的方式，但是在我们的现实生活中，大部分的女性朋友都选择了参加工作来赚取自己能够"理"的第一桶金。为什么呢？因为创业是需要资金的，而身无分文的人是很难贷到款的，除非我们去"啃老"，用父母的资金

来当自己的创业基金。这对于经济很宽裕的家庭来说，父母赞助女儿创业也无可厚非，但是对于大部分经济条件一般的家庭来说，这是很不经济的一件事。我们从学校里毕业、成人之后，就不应该在经济上给父母增加负担了。所以，从这个方面来说，我们还是选择参加工作赚取我们需要打理的金钱才对。所以，想要理财的女性朋友，首先就需要"拿下"职场，让自己先有了收入之后再谈理财。

黄芳芳的妈妈是一个会计师，从小就给她灌输理财的思想，因为是一般的工薪家庭。她深深明白依靠职场赚取自己的第一笔钱是多么重要。她在大学还没有毕业的时候就已经开始了自己的职场生活——兼职跑采购。虽然做兼职的时候赚的钱不多，但是已经为她在采购业积累下了经验。毕业的时候她很顺利地找到了工作，当然还是干她很有经验的采购方面的工作。她仅工作一年，靠着自己的理财能力，就已经赚到了一辆价值50万的小轿车。她现在早就已经拥有了好车、华宅，也把她的妈妈接到了身边来享清福了。

从黄芳芳的身上我们可以看到，即使拥有理财的想法，没有资金的来源，还是没有办法让自己变得富有。就像黄芳芳，她从小就被她的妈妈灌输理财的思想，但是因为她还小，没有工作收入，所以她还是得依靠家里的支持才能够上学，也没有办法改变家庭的状况。直到她工作赚钱之后，她就运用她的理财技能，把原本有限的工作所得变成了价值50万的小轿车，变成了后来的好车、华宅，让她的妈妈跟着过上了幸福美满的生活。所以，为了我们也能够顺利地进入理财的生活，我们首先要把职场拿下，让自己有了金钱收入的源头。

拿下职场，赚取我们理财所必需的资金，并不是要我们找到一个工资很高的工作，而是不管什么职业，只要让自己能够有收入就好，当然，工资的高低也决定了我们钱包的厚薄程度。这就让很多女性朋友都产生了必须要找到一个高收入的工作的念头。

因为这样，自己能够打理的初始资金就会相对来说更多一些，自己的理财也应该会更加方便和顺利一些。那么，这个能够让我们的理财更加简单的高收入的好工作好找吗？

其实，为了更好地理财，想要找到一份好的工作也没有那么困难，最重要的是让别人看到我们的长处，发挥我们的长处。从管理者的角度来说，他肯定会用一个有优势的人。所以，我们在找工作的时候要把自己的亮点亮出来，让公司的管理者看到我们是一个有优势的人，这样，他们才会给我们进入他们公司的机会。当我们进入职场之后，并不代表我们就能够理所当然地拿到我们想要打理的厚厚的金钱。

当我们进入职场以后，还要能够保住自己的饭碗，这样，我们才能够有源源不断的金钱流进我们的钱包，我们的钱包才能够鼓起来，这样我们才能够有足够的闲钱拿出去投资理财，带来更多的金钱财富。有些人以为辛勤劳动多干活就可以博得领导的赞赏，其实这是种一相情愿的付出。领导看的是业绩，不是我们付出了多少汗水。

大家都知道，提拔之后的工资会更高，所以，聪明的女性朋友就要懂得在工作中要使巧劲，让自己尽快得到提升，为自己带来更多的金钱，让自己的理财生活更加愉快。

总之，拿下职场，在职场上如鱼得水，创下高业绩，我们才有可能获得高薪水，我们的钱包才能够鼓起来，这样理财的时候我们才能够更加放心大胆地去投资，寻找更多的开源的源头，让自己的生活变得更加幸福。

提前规划自己的职业生涯

很多人由于没有提前做好职业生涯规划，自己在找工作的时候总是很茫然，像个无头苍蝇一样到处乱窜，到头来还是没有找到自己喜欢的工作。而那些提前规划好自己的职业生涯的人，早早就为自己的职业生涯做准备，所以在毕业的时候轻而易举地找到了自己心仪的工作。工资起点高不说，还为自己节省了大把时间，让自己赚取更多的钱财。

寒露和白雪是同班同学，她们刚上大一的时候，就从师哥师姐那儿看到了求职的狼狈相，她们自己也感到前途迷茫。于是她们就一起去学校的职业咨询部门去咨询。学校的职业咨询部门让她们先做一份职业规划，白雪踏踏实实地在那里做了自己的职业规划。但是，寒露觉得自己最了解自己，还是由自己来做自己的职业规划比较好，可是真正做起来，她又不相信自己，心里总是没有一个谱。就这样，一直到她们大学毕业，寒露也没有形成自己的奋斗目标，依然是个迷茫族，找工作也不知道自己能够做什么。

而白雪由于早早做了职业规划，在大学的这4年当中，就有意地向自己的职业方向发展，还没有毕业就已经开始上班的生涯。这一点让寒露羡慕不已，自己和白雪是同班同学，成绩也不相上下，但是人家一毕业就已经能够经济独立了，而自己现在已经毕业了半年多了，还得向父母伸手要钱。为了能够尽快找到合适的工作，她再一次拜访了职业顾问，结果发现很多人也在为没有做好职业规划而受苦。她看到好些已经工作过的人也做职业规划，因为他们在取得一定成绩甚至上升到一定高度之后，又进入了职业瓶颈期，走了弯路，所以现在不得已开始做新的职业规划。这让寒露更加觉得职业规划的重要性，于是很虚心地在咨询师的指导下做了职业规划，并且很快就找到了合适的工作，摆脱了寄生虫的生活。

从材料中我们可以看到，提前规划好自己的职业生涯对理财是多么重要。白雪提前做好了职业规划，就比没有规划的寒露早赚了半年多的钱。而且从材料中我们还看到了，那些没有提前做好职业规划的人，经常因为没有方向，在工作的中途会再次迷失自己，不得已只好停止赚钱，重新再寻找自己的方向。而这么一耽搁，就损失了好几个月的工资的进账。而且，没有提前做好职业规划的人在职业生涯中会经常面临跳槽的可能。

林燕在上大学的时候，从来不参加职业培训之类的讲座，更不用说提前规划自己的职业生涯了。毕业之后，她闭着眼睛找了一个工作。工作了两个月之后，她发现，这个工作不仅待遇不好，而且每天无所事事，干的几乎都是一些打杂的活，她觉得自己干这个工作实在是大材小用了，于是她换了一个工作。这第二份工作虽然工资多了一点点，但是要做的事情太多，动不动就要加班，她都没时间和同学聚会。实在受不了，林燕又把工作给辞了。后来换的这家公司自己感觉规模远远不能和前面两家公司相比，很多福利也没有，林燕觉得这家公司也不是长待的地方，于是又开始准备跳槽。就这样，林燕总是找不到自己喜欢的公司，总是不停地跳槽，一年下来，她手头一点积蓄也没有。

没有提前做好职业规划，在找工作的时候，免不了会茫然，这就不得不像林燕那样不停地去尝试干某个工作，接触之后发现自己不合适，就会辞职，重新找另外一个工作，这样就会让自己不停地跳槽。专家认为，跳槽也是会形成一种习惯的，人一旦形成了这种习惯，他在工作的时候只要不顺心，就会以跳槽来逃避。不过，如果总是跳槽的话，它就会阻碍你事业的发展，同时也会成为你财富流失的致命杀手。

就像林燕，她并不是为了追求更高的发展或者更高的薪水，而是要尽快摆脱目前的工作环境，抱着"不管新工作如何，先离开这里再说"的想法。这样的盲目跳槽不仅难以找到更好的职位，反而会浪费在原来工作中积累的各种资源，让她一而再、再而三地从新手开始做起。久而久之，别人都在不断地上升，而她却还是从零开始，这也是她没有提前做好职业规划的后果。

所以，如果我们想要理财，就要提前做好自己的职业生涯的规划，不要像林燕一样把时间消耗在找工作上，白白浪费这么多可以赚取财富种子的时间。

应对个人危机，实力才是赚钱的基础

次贷危机引起了全球性的金融危机，对老百姓最直接的影响就是："饭碗"随时可能丢失，手里的钱少了，吃、穿、住、行都严重缩水，一场不得已的节约风席卷全球。就生活在城市里的"孔雀女"来说，也不能再过着曾经衣食无忧的日子了，家里能省则省，能不花的就不花，而且自己都已经是工作的人了，怎么好意思给家里增加更多的负担呢？而且，有点常识的人都知道，在这种情况下，自己的工作更不能丢。

小梅是一个从小就生活在城市里的独生女。以前，她就是家里的公主，做什么事情都有爸爸妈妈宠着、惯着，她没有受过半点委屈，衣来伸手，饭来张口，从小学到大学，花钱从来都是大手大脚。2008 年，由于物价上涨，加上父亲失业了，家里的经济来源一下子少了很多，于是，所有的开支能省则省。小梅的生活也发生了改变，她有工作，但是除去每个月买名牌衣服、高级化妆品的钱，工资所剩无几，以前父母总是接济小梅的生活，现在却不能了。看到家里的情况实在不容乐观，小梅开始紧张了，如果不好好工作的话，自己面临的将是被公司开除，直接导致的后果便是生存的艰难。

其实，在我们身边会有很多这样的人，她们平时也不注意理财，凭借着家里有点钱，自己又是家里唯一的孩子，总是理所当然地"剥削"父母的金钱，以此来补充自己的生活。其实，许多从小生活在城市中的独生子女都面临着这样的问题，平日里大手大脚地花钱，生活费不够用有父母接济，所以从来不担心金钱的问题，对待工作也是得过且过。但是当经济不景气的时候，所有的问题接踵而来，家里父母的生活都顾不上了，怎么可能还能顾上这个已经工作的孩子呢？

网上有这样一段描述来形容失业之后的生活："很多平时积

161

蓄不多的白领在房主催要房租时，才猛然意识到自己失业了，没有收入了，要面临生活问题了。"有一位网友也这样描述自己的生活状态："房子租期到了，现在属于寄人篱下的日子，而以前房子的押金由于种种原因还没退还。10月中旬有个高中同学也因为失业付不起房租，我又同情她的遭遇慷慨解囊300元。"面对这场危机，为了让我们的钱袋子不至于太干瘪，我们应该早早开始理财，随时学习，提升自己的实力，要知道，应对个人危机，实力才是赚钱的基础。

韩老师从师范毕业后一直在一所小学教书，如今已经临近退休的她仍然是整所学校学生心目中最漂亮的老师，孩子们都觉得韩老师根本不像一个快50岁的人，无论从思想到心态，还是外貌打扮，处处洋溢着亮丽的色彩，因此都愿意和她聊天。

为什么韩老师会有这么大的魅力呢？这就是因为实力决定了魅力。

韩老师从走上讲台的第一年开始，每年都被评为优秀教师，还多次被评为省一级的优秀教师。又能够做到与时俱进，当电脑开始流行的时候，她就开始跟着她的孩子学习用电脑，虽然都快50岁的人了，还学着年轻人用手机聊微信，她是她们那个小学第一个用flash做课件的老师，讲课比赛、教学成绩，总是排在第一位。所以不管是学生、还是同事、甚至是领导，都被韩老师的魅力所折服。

韩老师虽然已经是一个快退休的人了，但是因为她有强硬的实力，在学校里还担任主要的教学任务，所以，她的工资也没有缩水，获得全校最高的奖金也是家常便饭，这又为自己赚到了更多的"外快"，可以让自己拥有更多的资本去理财。

其实，像韩老师这么大年纪的人，完全可以依赖自己的子女，不用这么拼命地赚钱。但是，在经济危机的大环境之下，也许子女已经自顾不暇，应对这样的个人危机，还是得依靠自己。而要靠自己赚钱理财，就必须要有实力。

从韩老师的身上，我们要学到一点，要想让自己的理财成绩好一点，我们就要随时提高自己的实力，让自己成为一个赚钱的永动机，让自己的财源源源不断地滚进来。所以，作为城市的"孔雀女"，如果想要自己不陷入危机，就要从现在开始理财，要转变观念，不要凡事都依赖家里，学会自己独立处理问题，这样才能培养抵御风险的能力，也不至于在失去家里的经济支持后无法生存。

不仅如此，"孔雀女"还要以最大的努力去做好自己的本职工作。不要有混日子的思想，既然不论怎样都要花费时间去工作，不如将它做好。能够顺利地完成工作是保证不丢饭碗的第一步，也是保证自己能够拥有稳定的经济来源的第一步。

另外，"孔雀女"还要不断地为自己充电，学习新的知识以保证自己前进而不止步。可以利用休闲时间多看一些书籍、报刊等扩充自己的知识面，在追求知识的广度的同时，注意增加深度。要知道，应对个人危机，实力才是赚钱的基础。我们身处经济危机的大环境之下，面对可能到来的裁员风波，不能等着被淘汰，而是要想办法让自己的钱包鼓起来。

将你的兴趣转化为赚钱能力

人的生命也具有与大自然一样的规律。长年累月从事固定的工作，重复同样的劳动和相似的思考，会使我们的生命单一、退化。生命中原本具有的好奇、童真、志趣、痴迷等色彩逐渐暗淡、隐退。

我们逐渐发现，虽然追求的目标越来越高、经验越来越多、成就越来越大，却反而很难开心，反而觉得生活乏味、没意思。为什么不重新找回我们的志趣爱好呢？在沉醉于经营业余爱好的过程中，我们能够恢复生命的色彩，展示生命的差异，使生命的内容更丰富。

现在，许多人只把来自办公室的成绩看成真正的成功，结果这些人唯有事业上春风得意时才会沾沾自喜，而一旦工作遇到麻烦，就感到羞辱不堪。如果我们把自尊也系于职业努力之外，工作中受挫时，就容易保持一种积极的态度。

如果将你的兴趣转化为赚钱的能力，你就能够找到另一种快乐和幸福。会用兴趣赚钱的女人是最幸福的女人，也是最懂得享受生活的女人。做自己爱做的事情本来就是一件快乐的事，同时还能通过自己爱做的事来赚钱，就更幸福了！

"在家做网页，既可以做自己喜欢的事，又可以挣钱，还不用担心与本职工作相冲突，何乐而不为？"这就是网上兼职主持人的普遍感受。我们知道，目前国内的网站大致可分为综合性站点及专业性站点两大类。新浪、搜狐、网易等综合性网站人气十足，其他专业网站要占领市场，则要着眼于开辟独特的市场定位。网络是青年人的世界，在15～35岁的青年人中，网络已成为他们生活的一部分。基于这一观点，许多网站开辟了新型的职业方式，网上兼职主持人就是其中的一种。

齐某就在一家女性网站的某个论坛担任版主，同时还兼任记者工作。所采访的问题都与女性朋友的家庭婚姻生活相关。用她的话说："我的感情比较细腻，比较爱倾听各种情感类的故事，而且也挺爱和心理专家交流，这份网络兼职工作让我能够采访到很多有故事的女人，和她们共同交流，同时还能咨询心理专家，我觉得这很好。在我做兼职的过程中，对我自己的感情和婚姻生活也有了很好的认识。而且每个月还有一笔不小的收入，一举两得，何乐而不为呢？"

齐某利用现在流行的网络兼职主持人这个工作成功地将自己的兴趣——爱听情感类故事和与心理专家交流，转化成了自己赚钱的能力，她在与这些人交流的同时不仅提高了自己对生活的认识，还为自己赢得了一笔不小的收入。同样，有自己特殊的兴趣爱好，并将爱好发展为事业的魏小姐，也在享受着自己的兴趣给自己带来的快乐与财富生活。

28岁的魏小姐在一家电脑公司上班，每个月的固定收入不到3000元，可是她依旧过着非常殷实的生活。魏小姐有房有车的日子过得有滋有味。朋友开玩笑问魏小姐是不是有"灰色收入"，没想到魏小姐竟非常自豪地点点头。

原来魏小姐的"灰色收入"来自于她的兴趣——服装设计。读中学的时候，她一有空就往堂姐的服装设计室里钻，大学虽然阴差阳错地学了电脑，这种爱好却没有改变。毕业后，在陪朋友出入于各大商场、各个服装店时，她总是喜欢观察那些服装的样式、风格，而且随身还带着一个小本本，看到好的设计就顺手画下来。看得多了，逐渐就有了自己的想法。同时魏小姐还利用出差的机会四处收集各个地方、各个季节、各种群体的着装风格，再根据自己的心得，设计出新的式样。

慢慢地，她自己设计的服装图样集成了一个厚厚的册子，魏小姐当初也没想过要拿出去赚钱，是一位朋友提醒了她，那位朋友说："这么好看的设计，怎么不让服装厂生产出来呢？"于是魏小姐抱着试一试的想法，找到一家比较出名的服装厂，没想到对方看了她的设计相当满意，一下就拍板买下了她的两项设计，2万元就"轻松"到手了，更没想到的是，厂家按照这种设计先行生产了100套服装，上市以后很快就销售一空，厂家尝到了甜头，和她签了长期合同。从此，她在逛街的时候，既可以散散心，又可以轻松赚钱！

魏小姐就凭着自己对服装设计的爱好，钱赚得比她的正职还多。很多时候，我们的兴趣不单单是充当我们工作的"替补"，更重要的是它让我们在工作之余有所追求，能够从中收获快乐，因为拥有自己的兴趣爱好，我们才不会那么容易陷入孤寂落寞的空虚境地。

兴趣爱好有助于提升一个人的创意能力。拥有兴趣爱好的人的创意数量远远高于其他人。因为兴趣爱好可以界定人们在生活方式方面的选择，它可以给人们展示自己形象的机会，可以给人们以灵感，同时能使人们表达出自己的身份和特色。总而言之，因为有了兴趣爱好，一个人的精神状态就会积极起来。它一方面可以丰富个人的生活乐趣，增加你的想象和灵感；另一方面它可以缓冲调节专业工作的枯燥，让我们保持一种积极乐观的活力。

真正成功的人，懂得坚持自己的爱好、坚持自己的兴趣，并最终达到利用兴趣来养活自己、享受生活的美好状态。这时候的女人，既收获了兴趣爱好，又收获了金钱，就是事业上最成功的女人了。我们希望你将来也能成为这些成功女人中的一员。

女人一定要有一技之长

有人说："女人要有一技之长，这样当男人不要你时，你还有所支撑。"也有人说，一个女人，你可以不漂亮，但是一定要心地善良；你可以没有太多的学问，但要知道孝顺老人、照顾孩子；你也可以没有太多工资，但是要知道理财。尽管成为一个完美的女人真的不是一件容易的事情，但如果我们能够尽量让自己做得完美，那就是一种最完美的状态了。而努力学习，让自己拥有一技之长，哪怕这一技再小，也能够为你的生活起到帮助作用，万一哪天你的生活窘困了，这偶然间学得的一技之长也许就能够助你一臂之力。

有的女人，会拍很多漂亮的照片；还有的女人，会用细腻的笔触来记录自己的每一个成长过程；有的女人很会装扮、化妆不错；也有的女人，懂得时尚，懂得潮流；有的女人，有一手很好的厨艺，做出的饭菜总是让人赞不绝口；更有的女人，是电脑高手，会制作网页、会管理网站；还有些能干的女人，懂得做生意，能够开网店，有滋有味地赚钱过日子……这些女人都是美丽的，至少她们都能够有一样让自己自豪的手艺，有一样可以点缀平淡日子的花朵。更重要的是，这些小小的技术可以让这些女人拥有自信，她们对待未来是坦然的，她们知道自己的未来不是梦。

纵观多位影响世界的财智女性，从钟彬娴到郑明明，从玫琳凯到奥普拉……虽然她们都是在财富的世界里叱咤风云的人物，但无疑她们并不是每个方面都优秀的人，她们却有一个共通点，那就是她们都经营好了自己的长处。归根到底，人无完人，你不可能把每一方面都做到尽善尽美，但你总有一样最拿手，只要发现自己的长处，并把它经营好了，你就是下一个影响世界的财智女性。

在成都的西面有一所居室，设置典雅，每逢周三、周四、周六，会有四面八方的人汇集于此。吸引他们的，是博大精深的中华传统花艺，还有来自台湾的花艺教授、浣花草堂的创办者曹瑞芸。"一花一世界，一叶一乾坤"，如果没有亲眼见识曹瑞芸老师的花艺课程和作品，可能很难领略这句话里所体现的意境。通过她的一双巧手，花枝、树皮，甚至蔬菜，那些看似单薄、独立的植物经过神奇的组合，突然有了生命和意义。

本来，她到成都并不是专门为了花艺，而是为了当孩子的陪读。结果，孩子到学校上课后，平日无聊的她便学起了花艺，没想到她做出的花艺摆设在成都大受欢迎，很多女人都争相报名想要学习她的花艺。

慢慢地，学生的规模越来越大，客厅坐不下了。曹瑞芸索性在芳邻路买了栋房子，办起了专业的花艺培训班，即现在的浣花草堂。1000多元的学费在成都还是很有市场的，曹瑞芸的学生从企业老总、花店老板到普通白领、建筑师、职业妇女……授课的地点也从成都逐步扩展到北京、深圳、重庆等地，几年下来学生已近千人。她将自己的花艺技术变成了让自己致富的途径！

李敏敏，今年30岁，她是一位外资公司的秘书，平时的工作就是帮主管处理大小文件，但是下班后的她过得很精彩。她原本因为兴趣而去研读意大利语，却因为越学越有兴趣，从听得懂意大利语到能看懂意大利电影，最后干脆到意大利旅行度假，与当地人对话。她后来经由意大利人推荐，协助品牌服饰在欧洲的采购工作，经常往返于意大利与亚洲各国，从第二专长中化兴趣为工作，她的人生可说是高潮迭起。

找出自己的一技之长及培养第二专长，不但能够让自己的兴趣得到发挥，更可以增强自己的工作实力。

由此我们可以得知，成功就是利用好自己的优势。有句话说得好：再优秀的人也有缺点，而再平凡的人也有他的闪光点。你总有一样最拿手，之所以还没有成功是因为你还没有找到自己的闪光点，或者还没有利用好它。

很多时候你在工作中没有办法取得你想要的成就，不是你不够优秀，或者不够努力，而是你选错了平台。即使是那些看起来很笨的人，也许在某些特定的方面也具有杰出的才能。比如，柯南道尔作为医生并不著名，写小说却名扬天下。每个女性都有自己的特长，都有自己特定的天赋与素质。如果你选对了符合自己特长的努力目标，就能够成功；如果你没有选对符合自己特长的努力目标，就会埋没自己。

女性在准备施展拳脚之前，应该充分了解自己的长处和短处，对自己有个正确的认识，然后根据自己的特长进行定位，选择适合自己发展的行业。因此，女性在选择职业时需先做一番冷静的思考，这对于社会新人来说尤为重要。

你应该知道今后有哪些行业比较有发展前景，然后再分析自己是否适合该行业。如果你没有坚实的专业基础，那么做起事来便缺乏信心，出错率也会相对增加，所以选择和自己的专业或个性特质相符的事业是很重要的。

充分认识自己，做最适合自己的事。如果你找到了自己喜欢的，并且又能胜任、适合自己的事，就大胆地行动吧！相信，那里的天空一定会因为你的存在而有所不同。

用你的脑子创造机遇

想致富，要做好准备，抓住机遇。好的机遇是用你的脑子发现而不是用嘴巴喊出来的。很多人只守着每个月有限的工资，没有办法致富是因为他们只知道坐在那里用嘴巴呼唤机遇，而不能站起来，用大脑去创造机遇。

每个人都希望受到机遇的眷顾，他们都很清楚，自己的人生也许只需要一个机遇，就有可能发生天翻地覆的变化。但是，人和人对机遇的理解是不一样的。

有些人认为机遇是有形的，是贴着标签的，是任何人都能一眼看出来的价值连城的宝贝，是一种可遇而不可求的东西，它是属于某一个人的。所以，有些人总是坐在那里呼唤机遇，认为机遇一听到他的呼唤便会立刻跑过来帮他改变命运。

而有些人则不同，他们不会在那里坐等机遇，而是主动去设计机遇、创造机遇。

"设计机遇，就是设计人生。所以在等待机遇的时候，要知道如何策划机遇。这就是我，不靠天赐的机遇活着，但我靠策划机遇发达。"这是美国石油大亨洛克菲勒的一句话。这个世界为什么还有那么多穷人，因为穷人只知道等机会，像《守株待兔》中的农夫一样，从早到晚，从日出到日落，可机遇永远不会自动上门。

芳慧的个人家庭背景非常好，她的母亲是一所著名大学的教授，父亲是一家三甲医院有名的整形外科医生。芳慧的理想是做一名优秀的节目主持人。家庭对她的帮助很大，她完全有机会实现自己的理想。她相信自己有做节目主持人的才能，因为她感到在与他人相处的时候，大家都愿意和她交谈，对她说出自己内心的想法，这对于一个节目主持人来说是非常重要的。她时常对别人说："只要有人给我一次机会，让我上电视，我相信准能成功。"离开学校参加工作以后，芳慧等待了一年又一年，一直没有人给她提供一个上电视台的机会。于是她变得焦急、苦闷、心情烦躁，她不断地乞求上天赐给她一次机遇，可是，机遇始终没有光临。

而另一个女孩庆莉的情况和芳慧的完全不同。庆莉的家庭条件很差，父母都是普通人，他们每天为生活奔波，根本顾不上庆莉。庆莉读书也没有固定的经济来源，她只能靠打工自己养活自己。她和芳慧唯一的共同点就是拥有相同的理想，庆莉也很想成为一个节目主持人。大学毕业后，庆莉为了找到一份主持人或主播的工作，跑了全国许多家广播电台和电视台，但是，所有的答案都令她失望："我们只雇佣有工作经验的人。"怎样才能获得经验呢？她开始为自己创造机遇。一连几个月，她都仔细浏览关于广播、电视的各种杂志，她还托人打探各种可能的工作机会。终于有一天，她在报缝中发现了一个令她激动不已的广告：黑龙江省有一家很小的电视台正在招聘一名天气预报员。黑龙江经常下雪，而庆莉是很不喜欢雪的。可是，她已经顾不了那么多了，她急切地需要到那里去。她想别说下雪，就是刮飓风也没有关系，只要能和电视沾上边儿，让我干什么都行。在黑龙江那个电视台工作了两年以后，庆莉积累了丰富的工作经验。当她再次到那家心仪的电视台应聘的时候，几乎是轻而易举就找到了一个职位。又过了几年，庆莉得到提升，成了著名的电视节目主持人。

从芳慧和庆莉身上，我们可以清晰地看到智者和愚者不同的生活轨迹。庆莉不断地实践、不断地积累经验，为自己创造一切可能成功的机遇。芳慧却一直停留在幻想中，她坐等机遇，期望天上掉下个大馅饼，然而，时光飞逝，她什么也没做成。和庆莉相比，芳慧显然是生活中的弱者。

把握机遇的并非是命运之神，机遇并不是只要你用嘴巴喊两声它就立马跑过来为你所用，而是要你用智慧去创造。正如伊壁鸠鲁所说："我们拥有决定事情变化的主要力量。因此，命运是有可能由自己来掌握的，只要我们拥有智慧。"

当然，创造机遇的富人也有差别，有些人创造的机遇小一些，有些人创造的机遇大一些，机遇的大小也就决定了富人的差距。

苏格拉底有一句名言："最有希望成功的，并不是才华出众的人，而是善于利用每一次机遇并全力以赴的人。"

对待机遇，有两种态度：另一种是等待，一种是创造。等待机遇又分消极等待和积极等待两种。不过，不管哪种等待，始终是被动的。人要想成就一番事业，就应该主动创造有利条件，让机会更快降临到自己身上，这才是真正地创造机遇。

机遇不会落在坐等机遇者的头上，只有敢于行动、主动出击的人，才能抓住机遇。有一句美国谚语说："通往失败的路上，处处是错失了的机会。坐待幸运从前门进来的人，往往忽略了从后窗进入的机会。"

所以，人，还等什么呢？你眼看着自己曾经的大学同学个个事业有成、财源滚滚，就感叹自己不如人家命好。殊不知人家在创造属于自己的机遇的时候你还在电脑前聊 QQ 或是在电视前嗑瓜子呢！

让自己成为受到一致肯定的"专家"

当今是个全球化竞争的时代，在这种环境下，将个人的命运完全托付于自己所属的单位是相当危险的。如果在这家公司干到40岁被裁掉了，你还有能力再顺顺利利地找到工作吗？如果找不到工作，你之后的日子怎么办？就算你之前理财投资准备了一笔退休金，但是，如果没有收入，坐吃山空，你知道你什么时候离开这个人世，如果你活到了100岁呢？所以，就算在一家公司工作，一样还是要继续培养实力，需要付出极大的努力，具备相关领域的专业知识，让自己成为特定部门中受到一致肯定的"专家"。这样，你就不会被轻易辞掉，即使真的下岗了，还会有很多公司需要你这样的"专家"的。

无论你从事的是什么工作，不管你所在岗位的条件是好是差，只要你静下来钻研业务，坚持不懈地努力，你就能在自己的岗位上创造一个又一个奇迹，为自己带来更多的财富。

小松在亲戚的帮助下进入一家公司后，她一直暗地里得意，心想，这下可以高枕无忧了，转正肯定是顺理成章的事。

有一天，她跟一位朋友聊天，兴起之时向朋友炫耀起此事。已工作好几年的朋友沉吟了片刻，很严肃地对小松说："有人'罩'着当然好，但要想在公司站得稳，还要想办法使自己成为一名'专家员工'。"

"专家员工"，这是小松以前从来都没有想过的一个词。朋友进一步跟她解释："专家员工"就是十分精通自己的工作，别人代替不了的员工。他最后又说："就像我一样！"

朋友最后的话没有任何炫耀的意思，因为他确实是"专家员工"，他在一家出版社工作，策划并出版了很多畅销书，很得领导的赏识和重用。说完，朋友露出了得意的笑容。

"稀者为贵"。稀者，少也。如果你某一方面的技术只是一般水平，像你这样的人天底下多的是，就不能称为"稀"，你也就"贵"不起来。相反，如果你的某一项专业技术精通到很少有人能与你相比的地步，那你就可称得上"稀"了。要使自己成为某一方面技术的稀少之人、珍贵之人，使自己的身价倍增，办法只有一个，那就是刻苦学习专业知识，认真钻研专业技能，务求弄懂它、弄通它、精通它，努力使自己对所选专业的知识和业务技能精通、熟练得令人叫绝，成为这一领域的佼佼者。这样，何愁拿不到高薪！

从另一个角度来说，就是让我们干一行、爱一行、精一行，只要努力，就会有收获！除非你实在厌倦了某个行业，否则最好不要轻易转行。因为这样会让你中断学习，降低效率。每一行都有其苦乐，因此你不必想得太多，关键是要把精力放在工作上，要像海绵一样，广泛吸取这一行业中的各种知识。你可以向同事、主管、前辈请教，还可以吸收各种报纸、杂志的信息。另外，专业进修班、讲座、研讨会也都要参加。也就是说，要在你所干的这一行业中全方位地深度发展。假若你学有所精，并在自己的工作中表现出来，你必然会受到老板的注意。那么怎样才能"尽快"在本行中成为专家呢？

首先，你应该选定最适合你的，最能将你的优势表露无遗的行业——你可以根据自己所学的专业来进行选择。当然，在很多情况下，你也许没有机会"学以致用"，"学非所用"的情况很常见，但这并不妨碍你成为你所从事的行业中的佼佼者。所以，与其根据学业来选，不如根据兴趣来定。

其次，要把最初的工作经历当作是一种再学习的机会。除了多向同行请教以外，你还可以搜集各种报纸、杂志的信息，从多种媒体渠道获得你需要的知识。如果你的时间允许，参加专业进修班、讲座、研讨会等都是不错的选择。也就是说，你应该打定主意，一门心思在你所从事的这一行业中谋求全方位、深层次的发展，而不是得过且过地混日子。

你可以把自己的学习分成几个阶段，并限定在一定的时间内完成一定量知识的学习。这是一种压迫式的学习方法，可以逼迫自己向前进步，也可以改变自己的习性，训练自己的意志。当然，你不必急于"功成名就"，但一段时间之后，假若你学有所成，你便可以开始展示自己学习的成果，并在自己的工作中表现出来，从而引起他人的注意。当你成为专家后，你的身份必会水涨船高，也用不着你去自抬身价，这便是你"赚大钱"的基本条件。因为你不一定能当老板，但有了"专家"的身份，人人都会看重你。你的地位是不可动摇的，如果一旦缺席，都会引起一片震动。

不过，成为"专家"之后，你还必须注意时代发展的潮流，并不断提升自我，否则，你也会像其他人一样原地踏步，"专家"之色也会褪掉，薪水自然也就不会再往上涨了。

第二章 遍地开花，女人八小时外也赚钱

绣出一片财富天空

现如今，十字绣已成为一个新兴的创业热潮，喜欢十字绣的年轻人越来越多。如果你想要利用业余时间创富，也可以抓住这个大好商机，从这个时髦新潮的行当中猛赚一笔。

所谓十字绣就是在一块有格子的布上交叉打十字，绣成漂亮的图案。最近这几年十字绣非常流行。

李秀英跟"绣"有缘，她二十来岁的时候就喜欢绣十字绣，挂在家里，或者是送给亲朋好友表示心意。绣了总归有了5年，李秀英突发奇想，想开一家十字绣庄。

2009年，李秀英投资了10万元钱，开起了十字绣庄。因为是进口的十字绣，投资算是比较大的，这些钱全部花在了进货上。因为她想着这些进口的十字绣绣线更有光泽，而且不容易起球，质量好，自然会受到顾客的欢迎。

像一幅欧洲宫廷贵妇的进口十字绣，就用了20多种颜色，贵妇的裙子上，还有金色的珠子，是最后绣上去的。这样一幅装好框的成品十字绣售价是8百元，没绣好的半成品售价是1百60元。而这样的成品十字绣在小店也不在少数，其中既有李秀英闲时亲手绣的，也有的是顾客绣的，另外一部分就是李秀英请的绣工绣的。

进口十字绣的质量虽然比国产的要好，可是销售却没想象中的好，因为进口十字绣的价格是国产的3倍，一幅普通的半成品起码都在百元。于是，李秀英又投资了1.5万元，全部拿来进货，增加了国产十字绣的项目。

让李秀英意外的是，国产的十字绣更受欢迎，小店的生意好得不得了。尤其是价位在 20 元左右的小动物，更是供不应求。而国产十字绣的利润也比进口十字绣的利润高，达到了 40% 左右。现在，国产十字绣的销量占到了 60%，进口十字绣占 40%。而除了销售十字绣的成品和半成品外，李秀英还提供装裱的服务。

装裱一次，收费 2 百元，通过装裱十字绣，小店又多了一项赢利的来源，每月也能带来 3 千元的流水。为了吸引人气，李秀英还推出了更为个性的服务。像照片，也可以做，一般在 3 百元左右。没想到这一招还挺受欢迎，很多人来小店为自己的小孩亲手绣幅十字绣。以月为计，小店的流水在 4 万元左右，除去 2.2 万元左右的成本及相应的税金，以及房租 4 千元、人工 1 千元，李秀英每月还能有 1.3 万元的纯利。

李秀英原本只是在业余时间绣绣十字绣，一开始并没有想到赚钱，她也仅仅是挂在家里或者是送给亲朋好友当礼物。后来，她突发奇想，开了一个十字绣庄，为自己赢得了巨大的财富。

其实，从李秀英的创富经历中我们可以看到十字绣的巨大市场，如果你对女红也比较感兴趣，你也可以利用自己的业余时间绣绣十字绣，即使自己没有那么多的资金去开一家十字绣的店，你也可以跟卖家商量好了，在他们家买材料，然后在他们家寄卖。要知道，一件成品的十字绣的价格要远远高出你购买材料的价格。

所以，如果你有耐心又有兴趣的话，你也可以绣出一片财富的天空。

自由撰稿，"敲"出一座富矿来

随着社会的发展，多了一种叫自由撰稿人的行业。之所以称之为自由撰稿人，因为从事这种行业的人，既不是编辑、记者，也不一定是作协的会员、专业的作家，他们写稿完全由个人的意愿来决定。从事自由撰稿人这个行业，可以在不放弃原来的工作的情况下利用业余时间做兼职，也可以全心全意投入进去，做一个全职的撰稿人。做自由撰稿人，不但可以满足自己的写作欲望，而且还可以得到比较可观的稿费。因为自由撰稿人的工作时间可以自由安排，工作内容由自己决定，不用看老板的眼色行事，收入也十分可观，所以现在有很多朋友都想加入到这个行列。

不过，自由撰稿人和任何一种职业都一样，不是每个人都能从事这种职业，也并非只有少数的文字功底深厚的人才能做好。那么，怎样才能真正地走上写稿挣钱的道路呢？以下几点需要注意：

1. 修炼"内功"

这里面包括三个方面的问题：

（1）多读多写。一个成功的自由撰稿人其实就是一个大杂家，除了要向前人学习写作的基本功之外，还要有广博的学问，只有知得多才能写得好。除此之外，就是坚持每天要写出一定数量的文字，不管是眼前要投寄的应时作品还是暂时还没有买家的"库存商品"，总之多写为宜。这一方面可以尽快提高自己的写作水平，另一方面也无形中让自己拥有一大批随时都可能为自己带来创收的"商品"。

（2）了解时事。所有的报刊和广播电视都首先是政府的喉舌，所以只有了解当前政局或政府的意向，才能写出各种新闻媒体正急缺的文章。

（3）紧跟时尚。现代人的生活追求的是短、平、快，没有人会有耐心坐下来阅读一篇长篇大论，人们更关注的是生活质量问题。因此，现在的许多报刊都开设了一些时尚栏目，比如网络、都市另类、服饰、休闲、心理保健与心理调节等。这些应时的"速朽"作品有时根本就和文学不沾边，但它们却是报刊新宠，靠写这些捞外快不失一个明智之举。

2. 修炼"外功"

这里面包括两个方面的内容，一是研究媒体，二是掌握投稿技巧。

（1）研究媒体。正如向顾客推销产品一样，必须对衣食父母有一个详细的了解，才能把自己的东西卖掉。不管是向报纸杂志投稿，还是向广播电视投稿，都要把它们相关的各个栏目研究透了，然后"对口送货"，这样才是有的放矢，不至于没有目的乱放空枪，结果钱没挣到不说，倒先赔了不少的邮资。

（2）掌握投稿技巧。一般说来，不管什么媒体，短而精的稿件更受欢迎，但并非所有的稿件都能做到这点，而编辑的时间又很宝贵，所以要想让稿子在千万篇自由来稿中脱颖而出，引起编辑的注意，那必须得有一些特殊的方法。一个短而精的说明或一个充满幽默感的自我介绍，有时均能帮上很大的忙。如果是手抄稿，字必须很好认，同时又很特别，才能给编辑一个良好的第一印象；如果是打印稿，得考虑到修改和编辑排版的方便。对于反对一稿多投的报刊，还得特别注明为独家专奉稿。对于纪实的稿件，最好配一些图片，同时还要签字盖章保证真实性，因为原则上都要求文责自负。

3. 准备"硬件"

这其实是做一个自由撰稿人的首要条件。

（1）有自己的写作空间，比如自己的工作室之类的；还得有必备的工具书，字典、辞书要案头常备；还要有必要的办公用品：胶水、浆糊、笔墨纸张等；如果想高产高收，不妨考虑使用先进的电脑写稿，或配个几百元的打印机，或写成后通过邮件发送均可。

（2）可以通过专业的报刊投稿软件来投稿，专业的投稿软件提供了国内外的大量杂志、报刊的征稿信息跟 E - mail 地址，可以便捷地选择要投稿的媒体，然后就能将作品送到编辑的 E - mail。

如果你想做一个自由撰稿人，那你最好先为自己确定一个写作方向，不要看别人写什么自己就写什么。在做自由撰稿人之前，先要分析一下自己的长处，看看自己会什么、能写什么。就电脑文章的写作而言，有很多内容可以写，如软件应用、硬件介绍、网络知识、网页制作、游戏功略等等。但是这些方面不一定都是你的强项，你可能对其中某一个方面很了解，那你就只有先从这个方向发展，不要朝自己不熟悉的领域发展，不然你写的稿子肯定要被编辑枪毙。

开个网店，踏上时尚挣钱路

随着电子技术的普及，网络的发展又为我们在业余时间创富创造了机会——开个网店，踏上时尚的挣钱之路，给自己赚取更多的财富种子，让自己在准备 30 年后的资产的时候更加省心。

月销 8 万件服饰及配件网络商店的女卖家中有一位鼎鼎大名的超级卖家——"东京着衣"。或许有很多人可能都已经是东京着衣的客户。东京着衣目前最辉煌的战绩，就是创下 Yahoo! 奇摩拍卖网站评价最高积分——5 万分，也曾创下每个月销售 8 万件女装、配件，与月营收破千万的销售纪录。以每个月销售 8 万件商品来算，平均每天要卖出 2600 件商品才行。你或许不知道，这家网络商店的老板却是一位年仅 24 岁的小女生周品均。她从学校毕业才两年，就懂得抓住商机，成为网拍达人，为自己打响了名号，赚进了不少财富。

从周品均的网店销售量我们可以看到，利用上班之后的业余时间来开个网店，既时尚又能够赚钱，为自己赚取更多的财富种子。为什么开网店会这样赚钱呢？

现在社会生活的步伐越来越快，使得人们越来越"懒"，尤其是对于那些工作了一周的上班女性朋友来说，周末能休息的话都不会愿意再拖着疲惫的身躯满大街逛。可是，再累也是要买东西啊；还有工作的压力大，项目时间紧，让这些上班美眉都没法抽出逛街的时间。于是，一种新的购物方式——网购就出现了。只要大家能上网，就能足不出户购买到自己需要的、喜欢的东西，何乐而不为呢？这也就为你在业余时间开家网店创造了商机。

以网络为载体的"虚拟"店铺的运营成本很低，又有着广阔的信息发布面等优势。而且，开网店也不需要有太丰富的金融知识，不需要整日拖着疲惫的身躯朝九晚五地去上班，也不需要去面对那些不想面对的人。只要你对时尚潮流有足够的"嗅觉"，只要你懂得上网，你就可以开一家属于自己的网店，而且开网店易上手，风险低、易操作，完全可以满足你在工作之余轻轻松松赚钱的愿望。有些女性朋友可能担心进货的问题，因为网上有很多人都说进货会很难，为了找到一些独特"宝贝"，逛了一整天都找不到多少。其实你可以不用这么累也可以开家网店，看看何霞是如何操作的。

何霞是一名外企的职员，她在网上开网店已经有两年的时间了，生意一直不错。

她的网店是两年前从一位朋友那里接手过来的，店面的装修、货源联系方式和一小部分库存总共才花了何霞 500 元钱，接手后，何霞按照自己的风格简单地装饰了一下，小店便又重新开张了。

每个月月初网络发货商会将货品的样式和价格列表通过邮件发给她，她再根据顾客的喜好程度，选择要购进的商品，当收到货后，再将货款打到发货商的银行卡上，一般每个月定额汇款 3000 元左右，多退少补。

因为大多数网络供货商都提供商品的实拍图，所以，何霞只需将选好的商品图片传到网店上即可，接下来就等着顾客购买了。

何霞并没有花时间去市场上逛，她有固定的货源，每月月初在网上选购自己需要的货物就可以了。看看何霞经营网店的方式，一点儿都不难吧，她也一样是上班一族，也能够把自己的网店经营得有模有样，你为什么不可以呢？

网上开店，为女性打开了一扇通往致富道路的门，开启这扇门其实很简单，但是简单中又包含一定的技巧，不得要领地开店不但开创不了一番新天地，反而会使自己经济上受到损失。网店开起来相当快，也许一个星期就可以搞定，但是要想开一个成功的网店，那是得颇费一番功夫的。那么，开个网店需要哪些技巧呢？

1. 找到适宜通过网络销售的商品

物以稀为贵，选择商品一定不能选择那些到处都能买到的商品，那些商品既然到处都能买到，买家为什么还要上网买你的，再加上邮费，肯定比别处的贵，即使能卖出去，也赚不了钱。

2. 利用地区价格差异来赚钱

开店的女性朋友要从自己的身边着眼，找找自己身边丰富而其他地方没有的商品，这样才能卖个好价钱。这里也就应用了成本领先策略。

3. 做熟不做生

尽量不要涉足你不熟悉的行业，如果你热爱手工，热爱十字绣，热爱手绘，热爱创造性的事情，不妨开个相关的 DIY 店铺。特色店铺到哪里都是受欢迎的，因为特色的东西少，所以容易吸引人。

4. 从身边做起

很多刚开始的网店生意一般会很清淡，原因很简单，因为新开的网店信用低，很难被客户信任，并且网络销售平台的规则也注定了新网站的浏览量是很低的，在低浏览量的情况下，再好的产品也难以实现销售。因此，刚开始开店的时候，一定要从身边做起，这就解决了信任度的问题，因为朋友、同事是不存在信任感的问题的，只要产品好、服务好，就是争取老客户的最好办法。

5. 培养老客户

网络购物最缺乏的是信任感，对于购买者尤其是这样，所以只要产品好、服务好，就很容易争取到回头客。在经营的过程中，也可以适当地举办各种活动，回馈老客户的同时，也可以让你的网店热闹起来。

掌握以上几点开网店的技巧，相信你的网店会越开越红火，相信它将会为你带来更多的工资之外的财富，为 30 年后的资产积累带来更多的财富种子。

夜市练摊，赚取 8 小时之外的财富

苏女士在一家事业单位上班，生活富足安逸。对于苏女士来说，练摊就成了一种打发闲暇时间的方式，或者说是一种新的夜生活方式。

苏女士摆摊的地点比较固定，就在自己家附近的一排门店前面，铺上一块红布，摆上一些女士包包和一些小饰物，便开始了自己的生意。这些包包、小饰物等都是从淘宝网淘来的，款式新颖，价格便宜，深得年轻女士的喜爱。苏女士来去也都没有固定的时间，想来就来，想走就走，颇为自由。

"这么热的天，下班后在家闲着也是闲着，出来透透气，顺便打发下时间，还能认识一些朋友，过把做老板的瘾。"苏女士这样总结自己练摊的初衷。

不过，苏女士表示，如果行情好，一个月下来，有时候自己摆摊赚的钱比工资还高。

所以，我们不妨学习学习苏女士，在下班之后，也到夜市练摊，赚取 8 小时之外的财富。不过要想通过夜市练摊这种方式赚钱，还要有强大的心理素质才好。

马阿姨是一家医院的药房医生，按照常理，医院的工作待遇

很不错，但是马阿姨和她的丈夫每天下班都会早早地出来摆摊，一直到晚上9点多才收摊回家。马阿姨的女儿很喜爱饰品，大学毕业后开了家专门出售复古饰品的网店，但由于如今网店竞争激烈，女儿的网店经过很长时间的经营，还是没有很大起色。马阿姨看着家中那些堆积如山的货物，不免替女儿担心。马阿姨说："我们这个岁数，也都到了将近退休的年龄了，下了班除了做饭，也没有什么事儿可以干了。所以我和孩子她父亲一合计，干脆拿些饰品在附近的夜市卖一卖，卖得好了，也能给女儿减一些负担，而且我们俩也挺乐在其中的。"

这一卖就将近一年，而他们所卖的饰品，也越发受到人们的欢迎。附近大学的女孩子们总会在晚饭后光顾一下他们的首饰摊，即使不买，也会坐下来和始终面带微笑的马阿姨聊天。一位记者采访马阿姨时问道："一年里，您摆摊儿大概赚了多少钱？""具体多少没有算过，但还算可以吧，平均每个月下来能赚个2000多块钱。有时候周末生意好，一天就能卖500多块钱。"马阿姨说，"摆摊的同时，我也会告诉顾客我家有个网店，有需要也可以直接从网店里买，买的多了，我们可以上门送货。慢慢地，女儿网店的生意有了很大的起色，很多顾客在摊上买完之后，就直接到网店里买了。"

"怎么没见过您的女儿呢？"记者又问。"她不好意思来，怕见到熟人。"马阿姨说，"大学毕业之后，一直没找到合适的工作，就干起了网店。慢慢来吧，趁着我们现在还能对女儿有些帮助，尽自己的力帮女儿一把。"

马阿姨的女儿就是抹不开面子，其实好多人看到夜市的繁华，也都有这样的想法，但是因为夜市练摊一般都是靠近自己生活的地段，好多人都担心看到熟人，感到尴尬。其实，大可不必觉得不好意思，想想自己的钱包，硬着头皮上一回就行。俗话说：一回生，二回熟，只要有了第一次经历就不会再害怕了。

白天上班，晚上下班之后，利用自己工作之余的时间出去摆摊，虽然赚得不多，但是也能够为我们赚取 8 小时之外的财富，还可以由小摊开始，慢慢做大，成为自己以后独立创业的摇篮，为自己赢取更多的 30 年后的生活资金。

抓住宠物经济时代的赚钱机会

宠物正在成为中国城市里的一个新型居民。随着养宠物的人不断增多，宠物经济也越来越受人关注。据不完全统计，以纯种狗和猫为主的宠物市场，每年的增长速度在 20％以上。"饲养宠物赚钱"和"为宠物服务——赚宠物的钱"这两部分组成了宠物经济庞大的产业链。在宠物经济这块大蛋糕的瓜分远未尘埃落定的今天，涉及宠物的方方面面，都会成为新的创业"淘金地"，蕴育着蓬勃的商机。

据有关资料显示，目前中国宠物及用品一年的交易额已超过了 100 亿元，宠物各方面的需求量以每年 15％的速度在增长。专家预测，中国宠物市场的潜力在 150 亿元以上。不可否认，宠物行业这一全新的朝阳行业正以迅猛之势在中国的经济中显示出越来越强大的生命力，并以巨大的发展潜力吸引着众多的投资者进入这一行业。想赚钱的女性怎么能错过这一大好的时机呢？

目前，与宠物有关的产业可以分为"宠物赚钱"和"赚宠物钱"两部分。"宠物赚钱"包括宠物买卖、配种以及繁殖等交易。宠物赚钱是"一锤子"买卖，只能赚一次钱，但利润较高。"赚宠物钱"包括宠物美容、医疗以及衣食住行等一系列服务和商品销售。如制造业，包括宠物食品、药品、用品、玩具、服装等的生产；服务业，包括宠物医院、驯犬学校、寄养宠物、护理咨询等服务。宠物的衣食住行、生老病死，每个环节都有文章可做。

在上海一家著名外企公司上班的沈姗，最近正忙着为自己的"吉娃娃"犬雪米找婆家。她提出的要求可真不少，比如：要年龄相当，要品种纯正，要身体健康，还要长得漂亮，当然还有最重要的一点，要自己的雪米喜欢，否则一切免谈。她开玩笑说，这比自己找男朋友可难多了，条件也要高很多。

别看雪米这个小不点不到 3 公斤重，沈姗却特别舍得为它花钱。因为体形娇小，雪米很怕冷，沈姗家的室温常年保持在 26 度；为了把雪米打扮得更漂亮，沈姗给它准备了很多衣服，有一次去澳大利亚出差时，她看中一件款式别致的小皮袄，虽然标价 69 澳元，但沈姗还是毫不犹豫地买下了。在沈姗的浴室里，一边是她自己的洗浴用品，一边则是雪米的，而且雪米的用品无论从价格还是数量都比沈姗的多。比如 100 多元的专用牙膏，洗耳朵和眼睛的专用洗液，甚至专用的花洒，都是她从香港专程买回来的高档品。除此之外，雪米的健康也是沈姗消费的重要部分，除了每年固定 680 元的预防针、几十件各式各样的玩具，仅去年雪米一次生病就花去了沈姗 3000 多元。

沈姗对雪米的宠爱并不是特例。据不完全统计，养宠物的上海人基本上每个月花在爱猫宠犬身上的费用为 300 元，仅每年的养犬费用就高达 6 亿元，并且这个数额仍会继续快速膨胀。

现如今，家有宠物已成为了一种时尚。据有关部门预测，未来 10 年，中国"哈宠族"的人数将呈几何级数增长。聪明的女性如果能抓住这一机遇，下一个百万千万富翁可能就是你！

王小姐就是以养犬发家的，她从 1991 年开始投资养犬。

王小姐进入这个行业是一次偶然。当时一位邻居告诉她，可以一边玩狗一边赚钱。于是，她就花了 5000 元买了一条拉萨狮子狗。这种狗一年生两窝，一窝一般 4 只左右。那时，一只小狗可以卖 1000~5000 元，这样一年下来，就赚了 3 万元。第一次投资就有了收益，让她信心大增，因此她又追加了投资。1991 年她花了 3 万元买了 3 只名狗，3 个月后，又以每只 5 万元卖出，这样不仅收回了成本，还净赚了 12 万元。

从 1991 年至 1993 年，她赚了上百万元。

2006 年正好是狗年，狗的价格猛涨，一只红色的巨型贵宾犬可以卖到 50 万元。现在，王小姐不仅拥有了自己的大型犬会，还建立了特色犬专业网站，通过养狗成了千万富翁。

民以食为天，动物也不例外。宠物食品除了饼干、饲料、干燥鸡肉、鱼虾罐头等主粮外，还有给宠物们"换换口味"的休闲食品。现在，人们对宠物不再只停留于给它们吃喝上，还要求给它们穿上漂亮的衣服。宠物服装花样百出，有带帽防寒服、防水皮夹克、吉祥如意唐装等，把小宠物打扮得花枝招展。宠物用品也是种类繁多，如宠物房间、宠物玩具、食具水具、颈带牵带等。宠物的养护用品更是五花八门，有修剪指甲用的钳子，有清洁美容的牙刷牙膏，有洗澡用的沐浴液。专用宠物剃刀是 100～120 元一把，一瓶 200ml 宠物沐浴液标价 70 元。

此外，宠物还享受着做美容、做发型、看病等服务。小狗剪一次指甲要 10 元，留个时髦的发型少说也要几十元。有些影楼还推出了宠物写真服务，虽然价格不菲，但一掷千金者大有人在。业内人士说，宠物经济已显山露水，宠物美容师、宠物医生、宠物摄影师已俨然成了一支前景看好的就业新军。

所以，聪明的女性朋友要抓住宠物经济时代的赚钱机会，让自己早日走上致富之路。

以"时"换"时"，争取更多的收入空间

也有很多的职业女性是为"自己"而工作，她们请实习生到家里帮忙看孩子，一小时支付 100 元钱，一天 5 小时，一个月 20 天的费用是 1 万元。但这 5 个小时之间，可以多写些稿子、开网络商店、做串珠手饰、卖手工饼干或是接各种类型的案子，只要能多赚几万元钱，这中间的差价，就是补贴家庭最好的收入来源。

以较少的"小时"支出金额，来换取更大的"小时"收入金额，甚至可以产生"加乘"的效果。如果你日后培养一些固定的客户群出来，固定订单与接案，将会带来更大的收益。在美国，由于

近年来的经济不景气，女性在就职发展上面临着诸多困难，有越来越多的职业女性在婚后变成了家庭主妇，但有些女性却因为自己的变通，让自己在带孩子之余仍然能够赚进源源不绝的财富。

李妮曾是美国一家大公司的公关顾问，她在女儿出生后辞职回家带小孩。她发现，女儿老是把厕所的卷筒卫生纸拆下来，然后撕得满地都是。她发现自己整天为了鸡毛蒜皮的小事忙得不亦乐乎，哪还有时间实现自己的梦想？于是，她发明了一种小机关，只要插在卷筒卫生纸上，女儿就无法把卫生纸拿下来。后来，这项发明以每个 7 美元的价格在连锁超市和婴幼儿用品店出售，深受大家的喜爱。

谁说女人一定要因为家庭或孩子牺牲自己的梦想，甚至是理财的好机会？只要你保持"动动脑"的活力，相信你也能尽情享受身为女人的喜悦！我们要学会以时换时，争取更多的收入空间。

算一算是排很长的队买打折商品划算，还是买不打折商品省下时间做其他事情划算？是自己在家里慢条斯理地做饭划算，还是去吃快餐划算？是将钱存到银行吃利息划算，还是购买债券划算？如此一算，我们就会将自己的时间规划得头头是道，让我们创造出更多的价值。

"时间就是金钱""时间就是生命"这些耳熟能详的口号同样也适用于家庭理财，让时间为我们创造更多的价值。比如，家庭投资就应该多多考虑到货币的时间价值和机会成本，这就要求我们要尽可能减少资金的闲置，能当时存入银行的不要等到明天，能本月购买的债券不拖至下月，力求使货币的时间价值最大化。因为货币是会随着时间的推移而逐渐增值的，也就是说你存款时间越长、购买债券越早，就越能获取更多的价值。另外，现在有很多人都只顾眼前的利益或只投资于自己感兴趣、熟悉的项目，而放任其他更稳定、更高收益的商机流失，这种行为其实是在增加投资的机会成本。因为你选择了某一项目的投资，就相应失去了投资其他项目的机会，而你选择的项目如果并不能给你带来丰厚的利润，那么就等于增加了你的机会成本。因此，我们在投资之前，一定要对可选择项目的潜在收益进行比较分析，以求实现投资回报的最大化。

综上所述，我们在家庭理财规划中一定要充分考虑到机会成本和时间成本的因素，不仅要学会用时间换金钱，更要学会用金钱换时间。当我们投资于某一项目时，我们一定要算一算，如果我投资另一个项目的话，我的收益是多少？如果这个项目亏损的话，我的机会成本将增加多少？当我们在挥霍宝贵的时间或者是用大把的时间换一点没多大价值的积分、赠品的时候，我们应该仔细想一想：这样的行为到底有没有收益？我们获取的价值到底能不能弥补我们的亏损？

创业，没你想象中的那么难

大家都知道，要想赚大钱，有自己的事业比给别人打工更能做到。但是，在大多数女性朋友的眼中，创业是非常艰难的事情。其实，心中装着自己梦想的人觉得创业一点都不难，因为他们看到了成功时的身价百万。而在创业时受到重创的人觉得很难，因为无疾而终的创业毁掉了无数的钱。

何小姐就是一个还在创业中的女人。到现在为止，她仍带领着公司在温饱线上挣扎。由于当初她没有做好全盘的计划，没做充分的市场调研，没有规划好资金的使用，使她如今已经因为创业"烧"掉了几十万。可是一切还没有太大起色，她说，现在谈发展还过早。

这样看来，创业真的不简单。想创业，想致富，仅凭一腔热情和一部分资金是不够的。其实，创业没有你想象中的那么难，只要你目标明确，找对出路，有耐心、有计划，你就能够取得一番成就。

时下有的人一说到做生意就想到百万千万元的投资、还要请专业人士做市场调查和商业计划。其实，个人小额投资、小本生意也照样能赚钱，而且市场风险也较小，关键是要有一股创业热情，量力而行。

陈香在一个学校里当了25年的清洁工，但是，3年前被新上任的校长给辞退了。当时，她感到很惶恐，在之前的25年中，她除了打扫垃圾，没学过任何一种可以谋生的手段，失业就意味着等待死亡。她为此愁得饭都吃不下，直到深夜她才想起去买点东西吃。一直以来，她都有个嗜好，吃饭一定要有一小碟香肠。可是，现在没有了，卖香肠小店的老太太前几天去世了。正想感叹命运不顺的时候，一个念头突然就蹦了出来："既然这里没有人卖香肠了，我就试着开一家香肠店吧！"

第二天一早，她拿出所有积蓄，把老太太的香肠店买了下来。由于没有其他店铺的竞争，很多人都从她这里买香肠，她的收入比干清洁工时挣得还多。过了一段时间，她在卖香肠时发现，有的顾客从她这儿买香肠后，把从别处买来的面包掰开，将香肠夹在面包里边走边吃赶去上班。她从中产生了灵感，从市场批发来面包，再将香肠夹在里面，这样一来，顾客直接就能买上面包夹香肠，节省了不少时间。冬天天冷时，她把香肠蒸热了夹在面包里卖，并且根据顾客的意见，改进了香肠的口味。夏天，天气炎热，人们不愿外出购物，她的香肠生意也清淡了不少。她便雇人推车到各个住宅区，挨家挨户地叫卖，这种方式受到了人们的普遍欢迎。后来，她的生意越做越大，陆续开了不少分店。

像陈香这样当了25年清洁工的人都能够成功创业，你还要说创业很难吗？为什么会有那么多的人创业失败？原因很多，除了他自身的因素之外，市场因素占有很大的影响分量。像陈香，虽然她也是临时起意，但是方圆十里就她一家香肠店，况且老太太已经为她打开了市场，她是站在"巨人"的肩膀进行创业的，加上她非常关注顾客的需求，懂得从顾客的需求入手开辟市场，而且又能够吃苦耐劳，不同时节采取不同的措施促进自己的销量，这就是她创业成功的原因。

创业英雄史玉柱曾总结自己的创业经验道："巨人之所以倒下，只是因为做了不该做的事。我现在给我的企业立下了四条行为准则：不是朝阳产业的不做；不熟悉的行业不做；自己不擅长的项目不做；发现苗头不对立即'断臂'。"这是所有创业的人都要遵循的原则。毕竟创业有创业的前提和原则，你在选择行业时，还要看自己是否合适以及市场是否需要。不要仅凭着一腔热情和大把资金就以为自己从此就可以坐收渔利，享受创业的丰硕果实了。

创业不是一时的激情，而是长久的坚持。那是一个艰难和痛苦的成长过程，也只有经历过的人才有资格对此进行最深刻的评价。它不是一个纸面上的构想，你必须要将每一个细节考虑周全，然后落到实处，这其中的错综复杂、人际交往、利益关系，都可能是你所不曾想到的。而且它也不是一个投资就能有回报的项目，它的风险要比你投资股票大得多，如果你没有充足的准备，就等于用钱在打水漂。所以，也不能太过于小看创业的艰难，它还是有一定的难度的，但是也不是你想象中的那么难，它还是可以把梦想变成现实的。

如果你选对了自己的行业，发现了有潜力的发展方向，就是抓住了成功的机会，抓住了致富的契机，这样，你就不会觉得创业有多么难了。而且对于女性来说，创业还是有很多的优势的，如做事富有耐心和条理、手巧心细等，这些特有的个性就是女性创业的优势，女性要善于挖掘这些优势。

最后，女性的心很柔。这种柔情使女性能在精神抚慰方面发挥特有作用，获得意想不到的良好效果。现如今社会上出现了一种三百六十行以外的职业——"精神保姆"，这便是最能发挥女性柔情性格的新行当。比如，陪老人读报、谈心，为瘫痪在床的病人、失意的人送上精神和心灵疏导，代他人送去一份歉意等情感专递工作。如果女性能充分意识到这一点，再用心学些心理学方面的知识，积极投入这种目前还没有多少人涉足的"精神保姆"业，相信必有一番大作为。

女人的敏锐感觉，相对的亲和力，还有女人的柔性，会让女人在事业起步时少了很多阻力。甚至女人的眼泪也是可以利用的，适时地示弱，放松敌人戒心，百炼钢成绕指柔，女人的手段多多，智计非凡。

女性在创业时虽然有比男性更多的优势，但是一到真正创业时，很多女性却又不知道自己最适合做什么。所以，有关专家根据女人的性格特点总结出了5类最值得女性创业的行业，仅供大家参考。

1. 服务业

服务业可以说是最适合女性的一个行业，因为女性本身就具有阴柔的美，这就很符合服务业的温柔、体贴的行业特性的要求。加上女人的直觉感十分强，她可以清醒地看到每个层次的人们的需要。因此，选择服务业是发挥女人优势的一大天地。很多成功女企业家也都从事过这一行业的工作。

2. 教育业

教育业是大部分女性朋友都会选择的一个行业，现在在中小学的校园里，女教师比男教师多得多，足以证明女性比男性更适合教育这个行业。这是因为女人天生就有一种母性，这种母性使女人有着比男人更强的心理优势。女人的母性、温柔、心细、耐心等天生特征都是女性从事教育业的优势。

3. 传播业

在报纸、期刊和图书等出版行业里，女性的优势处处可见。她们拥有女性记者的采访优势，细心可以使她们能够鉴别出哪些书籍更加优秀，她们的直觉判断使她们能够策划出读者喜爱的题目……女人在这个领域具有极大的发展潜力。

在影视传播中，你的新构想和新观念可以在这里充分施展，把它们变为形象和声音，传播到世界上的每个角落。你可以携带着摄影机云游四海，走遍天涯。如果你感兴趣的话，还可以像一名电视记者一样与一些大人物、著名学者常来常往，从他们那里获得丰富的知识，然后用它们来发展自己的事业。

4. 广告业

你会想到，如果你设计出杰出的作品，就能得到客户的赞赏，可获得广告设计比赛的奖金；如果你善于交际和筹划，你会从客户手中得到很多很多钞票，还会受到宴请和热烈招待。女性很容易掌握这方面的才能，这是可以干的。

可是有两点你必须特别注意：一是你能设计；二是你能制作，这好比一个律师，你既能出庭为人辩护，同时还有自己的事务所。在广告这一行里，你要做代理人，同时还要有自己的广告公司，广告界是个广阔而又奇妙的天地，也是一个对女性开放的天地。

5. 会计业

在西方有两大就业潮流：很多男孩学电脑，成为电脑工程师；很多女孩学财会，成为财务管理人。在中国，也有很多女性成为非常吃香的会计师。女人的天性适于和数字统计打交道，会计业因此成为她们特别擅长的行业。

对于创业，女人确实有着无比的优势，但是在如今五花八门的创业门道多之又多的情况下，选择一个合适的、赚钱的门路又实在不易。所以，女性朋友要想做一个会赚钱的女人，在创业的道路上走出一番辉煌，那还需从现在开始，紧盯市场不放，找准时机，选取合适的角度，争做一个成功创业的财富女人。

选择自己熟悉的行业

我们在走向创业发财这条路时，不能在一棵树上吊死，不能一条道不管宽窄走到底，要找到真正属于自己的位置、真正适合自己的行业才能赚钱。

每一个行业，都有自己的一套规则和规律。不熟悉这个行业贸然进入，就如同进入一个黑暗的房子，不知东西南北，容易失去方向。这就是"行行有道，隔行如隔山"的道理。

当今社会的竞争已到了相当激烈的程度，业内的行家里手存活尚且不易，何况一个外行的人？什么该做，什么不该做，你不知道；哪里是陷阱，哪里是坦途，你还不知道；你只有处处被动、时时挨打的份。你辛辛苦苦投资的几十万元、几百万元，可能不明不白已经打了水漂。所以，要想创业做生意，就必须先从自己熟悉的方面入手。

巴菲特曾经说过："投资人真正需要具备的是正确评估所选择企业的能力。请特别注意'所选择'这个词，你并不需要成为一个通晓每一家或者许多家公司的专家。你只需要能够评估在你能力圈范围之内的几家公司就足够了。能力圈范围的大小并不重要，清楚自己的能力圈边界才是至关重要的。"简单地说，巴菲特所说的能力圈原则就是我们中国老百姓常说的一句话：人贵有自知之明。做你力所能及的事，做你擅长的事，做你熟悉了解的事，成功的把握肯定大多了。所以，女性朋友在追求自己的事业的时候，要坚持不熟不做，只投资你熟悉的行业。

小梅中专毕业后，一直没找到就业的机会。身为装修包工头的老爸看到宝贝女儿整天一脸愁容，就为她买回一只小狗解闷。在跟这个狗狗为伴的日子里，小梅产生了开宠物专卖店的灵感。她认为"根据形势的发展"，"玩狗"必然成为一个赚钱的新路子。

小梅向爸爸借来5万元用来投资宠物店，把宠物用品专卖店开在繁华路段，布置得也很有情调。小梅说，自己没什么特长，做生意有句俗话，不熟不做。她认为，随着都市人生活水平的日趋提高，"玩狗一族"必然会成为城市中的一道亮丽的风景线，可以说这就是一个现实的致富门路。

起初，小梅的专卖店只批发、零售宠物服装。没料到这单一的生意也出奇的红火，每天居然可以赚到 30 元的利润。但这个利润数字只能持平每天的开销，无盈利的店就等于失败。换言之，服务内容单一，生意再旺，效益也是有限的。小梅开始动脑筋。要发展，必须在做好原有项目的前提下扩大服务种类。随着对市场行情的深入了解，小梅觉察到宠物身上尚有许多潜在的商机值得挖掘开发。于是，她招兵买马，拓展阵容，在店里又增设了宠物美容、宠物病伤预防、宠物暂时托管业务。这番捣弄的确使店添色不少，前往光顾的客人更是络绎不绝。这让小梅平均一天下来的总营业额达 1000 多元，让其他人羡慕不已。

从小梅的经历中我们可以深切地体会到投资自己熟悉的行业是多么重要，只有在自己熟悉的行业才能够更加顺利地赚到大钱。所以，在你即将要开始追求自己事业的时候，一定要问自己熟悉哪个行业。

经营刚上轨道的食品厂的张红求财心切，马不停蹄地打算上马一些新项目。张红喜欢读书看报，知道现在专家们都在讲企业经营要多元化，也想"多元化"。她决定到一个完全陌生的行业内一试身手——办个服装厂。由于张红从来没有搞过服装，对服装行业两眼一抹黑，而她在食品行业积累的经验在服装行业又完全用不上，结果不到一年，张红的服装厂就败下阵来，而且还拖累了主业。

一个企业经营者爱学习、有上进心是好的，但张红在学习时却不善于分辨，忘记了对于一个投资新手来说，不熟不做乃是一条普遍法则。

总而言之，生意不论大小，适合自己就是最好的。只有适合自己的，才能更大地发挥自己的优势，在生意这条道上赚更多的钱。

第三章　智慧投资，理财知识助你做"财女"

投资常识是你的"宝藏之钥"

在这个大众投资的时代，人们都期望通过投资使自己的财富开花结果，为自己带来源源不断的收益，如此即使退休也不必发愁优质生活的资金来源。然而，投资并不是把资金拿来购买投资产品就可以坐等利益来敲门这么简单，而是一项需要理智地判断和应对的智慧的经营活动。

投资不能不管不顾盲目地"一头栽进去"，也不能毫无准备就"轻装上阵"，而要先为大脑"充电"，让自己掌握投资常识，再选取适合自己的方式进行投资。任何人想要通过投资获取财富，就必须具有相应的投资常识，这是进行良好投资活动的必经之路。如果说投资所能为你带来的财富是一个难以想象的巨大宝藏，那么投资常识就是你开启这价值惊人的宝藏的钥匙。

若是有人连基本的投资常识都没有就盲目开始投资，就等于没有藏宝图、没有开启宝藏的钥匙而去盲目探寻宝藏，是不可能达到目的的。有的女性朋友眼见别人通过投资获取了令人艳羡的收益，名牌服装、包包、首饰应有尽有，俨然一副上流社会的派头，就头脑发热、发疯似的开始投资，甚至在不知道任何投资术语、不了解投资的税务知识、不清楚市场上都有哪些投资方式和哪些类型的投资产品的情况下就进行投资。那就不仅仅是盲目行动这么简单，而是无异于自我毁灭的飞蛾扑火了，非但不可能达到用钱生钱的目的，还极有可能令自己投入的资金都打水漂，被迫陷入拮据的生活状态。

学习投资常识看似不紧急，往往被投资者忽略，但它却是投资过程中最重要的事，应该在投资前就开始。我们每个人都是自己的财富增值的第一责任人，能否做好投资决策直接关系到财富的增减。想做一个好的投资者，让自己的财富增值，使未来的日子有良好的保障，我们必须多花些时间学习投资常识。

投资市场风云变幻，投资产品琳琅满目，我们要想通过选择合适的投资产品，不断规避投资风险，获取源源不断的财富，使自己 30 年后的生活有保障，就必须拥有足够的投资常识。同时，拥有必要的投资常识，还能帮助我们识别骗子不断翻新的投资骗局。

广东省公安厅公布的 2011 年 11 月份警情称：随着市场回暖，非法证券活动升温。一些不法机构和人员利用电话和互联网，假冒投资公司，以代理理财为名实施诈骗，损害股民权益。11 月底，深圳警方破获的"某投资公司"诈骗案，就是以提供"股市内幕消息"以及新股上市"配送股权"为诱饵，引诱股民上当受骗。

这个案子的显著特征是骗子说辞漏洞百出、手法拙劣，但诈骗业绩颇为可观。按理说，如果酒没喝多，或者不被股市牛气冲昏头脑，不做一夜暴富的"白日梦"，只要把握住天上不会平白无故掉下馅饼这么一个常识，就可以轻易看出骗局中的破绽：稳赚不赔正是所谓"股市内幕行情"的前提，那么这么好赚的钱，骗子为何自己不赚，偏费尽周折与你分享？新股上市配送股权也是同样的道理。现在这个时代，竟然还有人相信证券市场有毫不利己专门利人的"股票雷锋"！

自 2009 年 3 月证监会全面开展整治非法投资咨询和非法理财以来，从打击非法投资案件的数量就可以看出投资市场骗子的确很多。虽然经过严厉打击，非法证券有所遏制，但监管部门也表示，骗子随时都有大规模卷土重来的可能。而且，国务院有关文件明确规定，"因参与非法金融业务活动受到的损失，由参与者自行承担"。因此，证监会提醒投资者增强自我保护意识和守法意识，杜绝侥幸心理，自觉远离非法证券活动，严防上当受骗。

投资常识无论是对我们识破投资骗局，还是对选择适合自己的投资方式并不断做出正确的决策使自己从投资中获利，都是必不可少的武器和工具。如果缺少必要的投资常识，我们很有可能选择了不适合自己的投资方式，甚至误中骗局，赚不到钱不说，反倒可能把自己的本金全搭进去，岂不是得不偿失？因此，我们在进行投资前和在投资过程中，都要不断扩充与增加自己的投资常识，掌握投资的基本常识、各种投资产品的特点以及投资中的税务知识。

具备了投资常识，就等于拥有了"宝藏之钥"，就意味着我们向成功投资者的方向迈进了一步。不少女人不仅会赚钱，还懂得投资，这种拥有智慧的"薪财女"绝对是命运的征服者，她们能够为自己规划出富裕的美丽人生，尤其是通过投资积累资金确保自己退休后的生活幸福无忧。女人要想早日退休，享受温馨美好的退休时光，就要早日成为"财女"。马上行动起来，掌握投资常识，把开启宝藏的钥匙握在手里，是晋级"财女"、使退休后的优质生活有所保障的第一步。

正确的投资理念是你财富的护身符

在投资之前，你给自己投入的资金求取护身符了吗？但凡投资都必然伴随着风险，我们在期望获利之前，首先要做好赔钱的心理准备。我们每个人都希望通过投资获得的收益多多益善，没有人愿意赔钱，但是风险是投资市场与生俱来的特点，想要获利，就必须做好应对与规避投资风险的心理准备，设定自己能够承受的损失额度。因此，每个明智的投资者都会给自己的财富戴上护身符，再进入到投资市场中去。这个财富的护身符并非高超的投资技巧，而是正确的投资理念。

投资理念是体现投资者投资个性特征的，并促使投资者正常开展分析、评判、决策，并指导投资者行为，反映投资者投资目的和意愿的价值观。它由投资者的心理、哲学、动机、以及技术层面所构成，处在思想和行动之间，是投资者的思想在实战中的不断磨合、来自于自身心性的升华，是一种抽象而又高度概括的东西，需要用心去体会、领悟和思考。

正确的投资理念是投资主体摆脱投资行为的盲目性而建立的经实践检验是成功的投资原则和方法，是不可能一次形成的，靠的是长期的经验累积。投资理念可以因人而异，成功的投资理念也不是完全相同的。个人投资者要选择和建立适宜自己的文化、心理条件及风险管理的投资理念，并随着市场环境的变化，不断对其进行修正和提高。只要掌握了正确的投资理念，并持之以恒，30 年后人人都能使财富的种子开花结果，获得丰厚的收益，从而在退休后过上体面的优质生活。

28 岁的韩文静 2009 年刚刚结婚，和老公买了个小户型的房子。"我属于高风险偏好的投资者。"韩文静笑着说，职业的需要要求她不能一味看重投资回报率，而更应注重投资的过程。

韩文静是民生银行武汉分行洪山支行的高级理财经理、AFP，她介绍了一个著名的投资法则：100 减去自己的年龄，得出的结果就是资产能配置到高风险投资中的比例。"我今年 28 岁，可以将 72％ 的资产投资到高风险的投资中。"韩文静笑了，"但我自己的风险承受能力较高，所以我有 80％ 的资金都投资在股市中。"

韩文静说的 80％ 是指在股票账户的资金，但目前并不是全部买入了股票。从 2009 年 1 月起，韩文静就基本上空仓了。"去年的股票收益也不是太高，只有 30％，主要是工作关系不允许我波段操作，只能放着不动。"韩文静介绍，她从 2005 年就开始做的基金定投，截至到目前的平均年化收益率达到了 8％。

"基金定投准备用来做养老金，收益率不能预期太高。因为从国际上的数据来看，基金定投的平均年化收益率在 6％～8％ 之间。"韩文静对她的基金定投收益十分满意。

我们在投资时，要像韩文静那样根据自己的性别、年龄、职业、性格、承受风险的能力、资金因素、投资目标等综合情况找准自己的投资定位，并形成适合自己的独特的投资理念，对于自己努力赚来的钱进行努力悉心的管理。

有人说穷人和富人只有 0.1％的差距，只要穷人通过学习和努力，拥有了富人的思维和正确的投资理念，就能改变自身的不利现状，跻身富人之列。可见，形成适合自己的正确的投资理念，对于成功投资和保障 30 年后的生活具有非凡的意义。

有些人因为投资具有风险，就对投资望而却步。这种做法实在不可取，因为我们进行投资未必能如愿以偿地为未来积攒丰裕的退休金，但不投资只想靠有限的工资收入积攒起足够保障晚年优质生活的退休金，对工薪阶层来说几乎是不可能的。

还有的人认为自己目前没有经济压力，不需要进行投资，或对自己的投资能力不信任，认为自己"不是投资那块料"，就选择相对比较稳妥的储蓄方式，把钱存入银行。在物价持续上涨、甚至可能发生通货膨胀的今天，让钱在银行里睡大觉，就是浪费金钱、变相削减自己的财富。有钱人都有一个共同的理念：把钱拿去投资，用钱生钱，而不是抱着钱睡大觉。

不少人认为投资是有钱人的专利，抱着"等有了钱再说"的心态憧憬着攒够钱开始投资的那一天，而误了自己的"钱程"。投资并不是富人的专利，1000 万有 1000 万的投资方式，1000 元有 1000 元的投资方式。事实上越是没钱的人越需要强化自己的投资理念，一个人如果不养成正确投资的好习惯，就永远不可能通过投资获取丰厚的收益，甚至有可能把本金都损失掉。

投资必然伴随着风险，投资前要充分考虑自己承担风险的能力，将无关痛痒的闲钱拿来投资，而不应将大部分资产都投进去，这种太过贪心的投资方式非常危险；在投资时要树立风险分散意识，有意识地规避风险。目前可供选择的投资品多种多样，需要谨记的投资原则是：不要把鸡蛋全放到一个篮子里；投资时切不可贪婪，要见好就收，在合适的时机出手，无止境的欲望只会让你已经获利的事实转变成亏损的结果；同时，对于现状堪忧的投资也应该理智地加以区别，如果短期内形势有可能逆转就应该耐心等待，而如果长时间内确实没有向好的趋势就需要尽快脱手。

总之，投资理念就是这样一个个实际又抽象的实战经验，我们每个人都要根据自己的实际情况形成自己的投资理念，给自己的财富戴上护身符，为未来进行投资。

投资永远是实力说了算，而不是心眼说了算

不少人都曾有过这样的经验：周围那些心眼儿活的人多数都靠着自己的小聪明在投资市场中大展身手，并经过得心应手的投资活动获得了可观的投资收益。这给了人们投资要靠心眼的印象，自己想投资却觉得风险太大、自己心眼不够多，而迟迟不敢行动。

在这些人的字典里，"投资"可以解释为"投机"，他们认为投资就是以耍心眼来获取暴利。很显然，他们对投资存在着很深的误解。实际上，投资与投机存在着明显的区别。

投资指货币转化为资本的过程，可分为实物投资、资本投资和证券投资。投机则指根据对市场的判断，把握机会，利用市场出现的价差进行买卖从中获得利润的交易行为。市场上通常把买入后持有较长时间的行为称为投资，而把短线操作称为投机。

投资者和投机者最大的区别在于：投资者看好有潜质的投资产品，作为长线投资，既可以趁高抛出，又可以享受分红，收益虽不会太高但稳定持久；而投机者热衷短线，借暴涨暴跌之势，通过炒作谋求暴利，少数人一夜暴富，许多人一朝破产。通俗点来讲，投资者收益靠的是自身实力和投资产品的潜力，而投机者则乐于通过"耍心眼"来赚取差价。对于投资而言，永远是实力

说了算，而非心眼说了算。

投资的行业本质就是四个字：实力投资，包括"实力"和"安全边际"的内涵。投资的实力，不仅包括投资者自身的实力，还包括其所选投资产品的潜力。在瞬息万变的投资市场上，虽然价格波动时刻存在，但投资产品长时间的平均价格总是趋于自身价值，也就是说，投资产品保值增值的能力与其自身价值息息相关。而投资者要对投资产品的潜力做出正确的判断，并在适当的时机买入，顶住风险甚至亏损的压力，直到云开月明之时，这就需要依靠投资者自身的实力了。投资者自身的实力，自然包括资金、投资常识、投资理念、投资技术和风险承受能力等方面。

王雪从财经大学毕业后，一直从事与财经有关的工作，丰富的专业知识和得天独厚的工作环境，加上这几年热闹的股市，使得她在股市中游刃有余。不论是股市火爆，还是处于震荡之中，即使在熊市，她也能依靠自己的专业知识和冷静不贪婪的心态做出明智的决策，使得投入股市的钱几年间就翻了数番。

谈到自己的心得体会，王雪说："专业技术是一方面的原因，最重要的还是包括心态在内的个人实力。炒股切忌贪婪，也不可自恃心眼灵活进行频繁不断的操作，更不宜对小道消息趋之若鹜。"

无论股市如何变化，每年总有几次从底部反转的机会，而王雪就善于抓住这样的机会进场操作几次。每次进场前，她都把资金分作三部分，设好止赢点和止损点，并在实际操作中坚决按计划实行。

但是，很多女性股民并没有王雪这么明智，她们在账户资金升值已达20%、50%或更多时仍不死心、不平仓，挣多了还想再挣更多，直到跌至深套才后悔莫及。这些贪婪的投资者就是没有弄明白投资的本质，想靠自己与市场耍心眼来获取暴利，却没想到自己的实力主要是决策力不够，难免陷入"贪婪"或"跟风"的不良行动里，最后往往落入被套牢的悲惨境地。

王雪是个明智的投资者，而那些拥有不良投资行为最后被深套的女性朋友则有要心眼的投机心理，以为自己聪明、运气好，却没想到最后得不偿失。要做明智的投资决策，靠的是实力，而不是自以为聪明的小心眼。

既然实力这么重要，投资者应该如何提高自身的实力呢？

吉姆·柯林斯认为，要不断提高自身的实力，就要掌握卓越之道，必须先问问自己这个问题："你是刺猬，还是狐狸？""像刺猬的人，则把复杂的世界简化成一条基本原则或一个基本理念，发挥统帅和指导作用。不管世界多么复杂，都会用这个原则专心面对所有的挑战和进退维谷的局面。"

巴菲特是有史以来投资界最伟大的"刺猬"，他把费舍和格雷厄姆的哲学融会贯通，简化为两个关键词："护城河"和"安全边际"。"护城河"即防御实力，是持久的竞争优势，它可以说是持久的竞争实力强大到一定程度的外在体现和生动比喻。"投资"的概念与"投机"相区别，有安全边际的保护才是投资，否则就是投机，也就是说，投资的概念里已经包含了安全边际的内涵。

投资靠的是实力的比拼，而不是要心机，投资市场上的大赢家一定是有实力且明智的投资者，而不是只顾要心眼的投机者。所以，女性朋友们不要轻易去尝试那些靠运气才能赚钱的方法，那种投机的举动无疑会让你背负更大的风险，甚至超出自己的承受能力，可能由"1％的贪婪毁坏了99％的努力的成果"。

投资是实力说了算，而不是心眼说了算！没有太多心眼的我们只要专注于增加自己的投资常识、培养投资心态、锻炼投资判断和操作，逐渐提高自己的投资实力，就能将投资做好，保持一定的收益，就能存下丰厚的养老金，30年后就能拥有优质的退休生活。

永远不要问理发师你该不该理发

我国有句俗话，叫作"入山问樵，入水问渔"，是说做事情要首先向熟悉情况的人询问，以便对事情有实际且全面的了解、更好地做事或解决问题。然而，向投资品推销员咨询某款产品是否适合你，就像问理发师你该不该理发一样，得到的答案肯定是"这款产品就是为你量身定做的"一类肯定性的答复。

这与"入山问樵，入水问渔"不同，虽然他们也对你想要了解的情况非常熟悉，但是他们给出的建议很难足够客观，毕竟他们就是靠销售投资品吃饭，既然有人怀着想投资的心态来问，他们怎么可能拂了到手的生意呢？所以，要想做好投资，就必须积累足够的投资基础知识，能够对市场形势做出客观的判断，做出理性的投资决策，把自己财产的命运掌握在自己手里。

作为投资者，你首先要做的就是拥有足够的投资常识，能够做出自己的判断，参考投资品推销员或投资顾问的建议，独立进行理性的决策。因为他们的建议不一定是足够客观中立的，那么我们就不能完全听从他们给出的建议，只应把这些建议作为参考，而最后作决策的必须是自己。而且，投资都是存在风险的，对于自己投入资金的盈亏，除了你自己没有任何人会为此负责，因此我们也要培养出独立进行投资决策的能力，为自己的财富航船掌舵。

徐嘉是一位媒体工作者，她有空时总会关心一下股市和其他投资产品。她总以小股民自居，自认资金少、胆子小，别人把股市当收割机，希望能很快就挣得盆满钵满，她却以平常心看待。

徐嘉有自己的投资顾问，还有一帮经常一起吃饭的朋友，她们聚在一起从来不谈论东家长西家短，话题最集中的就是手中的钱投资什么最容易增值，或买什么股票最好。她的朋友圈里都是投资者，大家投资的方式各不相同，但各有各的精彩。投资不仅是她们聚会的话题，也是她们的业余生活。

她总是把投资顾问的建议和朋友们的观点作为自己投资的参考，从来不迷信投资顾问，也不热衷于探听小道消息。她还有一套自己的炒股原则：固定以 5 万元的资金用来炒股，赚了就把利润变现，赔了也不再投入资金。她也不指望暴富，有点收益就行，钱放在银行存一年定期利息也很有限，股市稍有收成就比银行利息多。

徐嘉觉得自己像个捡拾麦穗的农民，总是不紧不慢地提着篮子捡剩余。不过，保守也有保守的好处，股市行情不好时她依然有 10% 的收益，比银行利息高好几倍。有了这额外的收入，徐嘉有不少闲钱与朋友喝茶吃饭、买打折时装，炒股也变得其乐无穷。通过良好的投资，她现在的生活质量不仅有了很好的保障，也为未来的退休生活存了不少资金。

而徐嘉的一个朋友刘奇，一直觉得理财学问博大精深，难以入门，由于久久立于门前不敢迈出第一步，对投资常识知之甚少，家庭的积蓄主要用于银行储蓄。想提高生活品质的她，听说朋友买基金赚钱了，就跟随朋友买了几只混合型基金，可收益不太乐观；后来听朋友说炒股容易赚钱，又开始涉足股市。由于对复杂多变的市场缺乏心理准备，面对各种数据和图表没有兴趣，在自己功课没有做好的情况下，耳根子又软，听人家怎么说就怎么做，几番折腾下来，反而赔了不少钱。

投资是非常个性化的行为，而每个人都会比其他人更清楚自己的实际情况，因此人们做决策不能全部依赖他人，无论是投资顾问还是其他人的建议和观点都只应该作为决策参考。只有像徐嘉那样根据自身情况和市场形势做出独立判断和决策，才能较好地保障投资决策的正确性；而像刘奇那样缺少投资常识，对朋友们的投资方式盲目跟风，还轻信各方面的信息，甚至别人怎么说就怎么做，这样盲目的投资怎么会不赔钱呢？

若是有人在投资时没有主心骨，或者耳根子软，直接把他人的建议或观点以及各方面的信息作为自己投资的决策，只能是事与愿违，非但赚不到钱，还可能因此损失惨重。

"听别人推荐"和"随大流"是新入市的投资者在投资行为中的普遍现象，这些新手多数尚未掌握基本的投资知识就急于开始投资，并对周围收益较好的投资者和专业人士存在"崇拜心理"，或者盲目相信一些网站或博客的消息和观点，以致进行投资决策时常常仅听别人推荐或追随大多数人进行购买。这是投资者对自己的判断和决策能力缺乏自信的表现。

投资者要树立对自己投资能力的自信，最关键的是要有足够的投资常识，对自身情况有个明确的了解，清楚适合自己的投资产品，设定实际的投资目标，树立切合自己的投资理念，并在进行投资时坚决依据这些原则来进行决策。

每个人都可以是自己的投资顾问，都可以通过学习和实践培养出做自己投资顾问的能力，根据投资常识、投资理论和实践经验对当前的形势做出判断，给出自己的投资建议，做自己投资的最终决策者。

期望做拥有优质生活的"财女"，并且早日存够退休后的生活资金以便提前退休的女性朋友们，在投资时一定要记住：他人的建议和观点只能作参考，而最后做出决策的一定要是你自己。这样才会免于像问理发师你该不该理发那样得到不够客观的信息，做出正确的决策，不断有所收益，为自己 30 年后幸福无忧的生活积蓄足够的资金。

投资像谈恋爱，适合自己最重要

投资行业有句行话："没有最好的投资产品，只有最适合客户的投资产品。"投资是我们用钱为自己赚钱的必要途径，但这并不意味着拥有的投资产品越多越好，相反投资就像谈恋爱，找到适合自己的投资产品才是最重要的，甚至可以说一辈子做好一项投资就可以了。

我国也有句老话叫"一招鲜，吃遍天"，无论是做股票、买基金、做期货，或者做房地产、书画、古董投资等，一生做好一项投资就足够令你过上美满和幸福的生活，即使30年后退休了也能有足够的资金过优质的生活。

因此，只要女性朋友用心挑选出适合自己的投资方式，总能挑出适合自己的，并且经过长期实践的检验将其做好，就可以成就自己退休后富足的晚年生活。

面对类型与品种琳琅满目的投资品市场，我们要更好地实现用钱赚钱的目的，就要选取适合自己的投资方式，必须首先全面认识自己的投资条件，根据正确的投资理念确定与自身情况相匹配的投资目标，以指导对投资方式的正确选取。

全面认识自己的投资条件，就要从性别、年龄、职业、性格、家庭状况、财务状况等方面对自己进行综合的投资评估，明确可用来投资的闲钱，初步得到自己的最优风险系数；在此基础上，还要测试自己的风险承受能力，以便根据自身性格和最优风险系数来调整投资的风险系数；接下来，就要确定与自己的综合情况相匹配的投资目标，并根据自己所能承受的风险系数来选择投资方式、确定投资产品。

刘梅有一个美满的家，夫妻恩爱，6岁的儿子懂事，有自己小户型的房子；有一份稳定的工作，虽然月薪不高，但也足以使家庭生活处于中等水平。她看着周围不少同事、朋友通过炒股赚了很多，有车有房、一身名牌、名贵皮包首饰成天换，很是眼馋，于是想拿夫妻俩多年积攒的钱来炒股。

跟老公商量之后，老公同意拿出一半的存款给她投资。刘梅就这么进入了股市，可是她对炒股也没什么了解，只能看着别人得心应手地操作，自己瞎捣鼓，常常是追涨杀跌，赔钱了还想捞回来，难免一条道走到黑，被股票套住了脖子，资产严重缩水。因此，她天天上网看财经新闻、看操盘手软件，上班惦记着股票、不能专心工作，部门评先进工作者总是没有她，工作那么多年连个中层都没混上；晚上在床上辗转反侧想股票，健康状况受了不少影响；夫妻之间也有很多关于钱的争吵，儿子说她"自私、见钱眼开，不关心自己的成长了"，母子关系远不如前，家庭的和谐氛围一去不复返。

刘梅非常后悔自己开始投资股票前根本没有考虑自己的性格和财务状况并不适合涉足风险较大的股市，而应该选择其他相对稳妥的投资方式，比如拿钱去购房出租或者出售，资产不会严重缩水，生活质量一定比现在好，也可能成为款姐了。

于是，经过慎重考虑，她决定与"八字不合"的股市趁早"分手"，狠心清仓，从股市中解脱出来，转而进行稳妥的投资。几个月后，她已经有了少许收益，身心状况大大好转，家庭又重新温馨起来，工作也步入正轨了。

尽管种类繁多、琳琅满目的投资方式让人眼花缭乱，但我们还是要擦亮眼眸认清各种投资方式的利弊，稳定心神从中选择出适合自己的投资方式。否则，像刘梅那样选择了并不适合自己的投资方式，经过长时间的投资失败，身心、家庭、工作都大受影响，甚至不堪其苦，就实在是得不偿失了。

投资是个性化极强的事，因每个人的性格、职业、收入水平、家庭状况等而千差万别。为了便于选择适合自己的投资方式，我们不妨了解一下几类主要投资产品的特点。

黄金被称为"没有国界的货币""永不倒闭的银行"，是保值增值性好的投资方式，可以说是最安全、最重要的资产，一旦动荡来临，女人所能依靠的财富还真是"真金白银"！

债券被称为"投资者的天堂"，它安全性高、操作弹性大、变现性高，还可以在必要时充当保证金、押标金等。"两耳不闻窗外事，一心只做家务活"的家庭主妇，可以试试投资风险较小的债券，因为它是众多投资方式中最省心的，收益也比较稳定、可观。假如你对金融债券和公司债券实在弄不明白，就可以买相对来说最具保障的国债。

基金是一种"攻守兼备"的投资方式，虽然有一定风险，但是能带来比较大的长期收益；虽然风险较低且收益不高，但买卖基金所支付的费用几乎为零，最终能带来令人满意的回报。若是工作占用了大部分时间，家务耗费了大部分精力，不懂股票和外汇，又不甘于贫穷的女性，基金将是首选的投资方式。聪明的女人养只"金基"，能够得到"蛋"和"基"的双丰收，为自己的未来积累财富，成就幸福的财富人生。

股票具有风险和暴利，常让人想起股市的杀气腾腾，但是女人也可以成为股市中一道亮丽的风景线，股票改变的不只是女人的荷包，更多的是智慧甚至是生活方式的转变。女人在婚姻中期望与爱人白头偕老，在股市中也需要跟股票"长相厮守"，相处久了才能对它有更深的了解，分辨出它到底适合做"情人"还是"老公"。

投资外汇，实际上就是在不同的货币之间获取差价，不需要很专业的金融知识，也不一定要有很锐利的投资眼光，是一个可以轻松赚钱的投资方式。但是，外汇买卖也是具有一定风险的，要规避风险，关键是要有细腻的心思和谨慎的头脑，忌贪心、慌乱和固执。

此外，投资房产或邮票、古董等爱好品，也是不错的投资方式，安全且有意义。

不要轻视任何微小的收益率差异

李嘉诚在总结自己的投资经验时说："投资要趁早。"投资时间的长短确实会对收益带来不小的差别，那么收益率的不同又会给投资收益带来多大的影响呢？我们不妨来以表格的形式清楚地说明分别从 25 岁、35 岁、45 岁、55 岁开始每月投资 500 元，直到 65 岁，在不同年收益率情况下的收益情况。

年收益率 年龄起点	5％	8％	12％
25 岁	763010	1745504	5882386
35 岁	416129	745180	1747482
45 岁	205517	294510	494628
55 岁	77641	91473	115019

从表格中我们可以看出，同样是每月投资 500 元直到 65 岁，如果从 25 岁就开始投资，最终收益将是从 55 岁才开始投资的近 10 倍，每晚投资 10 年最终收益的差异也是巨大的；而同样是从 25 岁每月投资 500 元直到 65 岁，年收益率 12％ 的最终收益将是年收益率 5％ 的 8 倍多，即使年收益率只有 8％ 收益也将是 5％ 的 2 倍多！由此可见，任何微小的收益率差异，都可能带来差别巨大的投资结果。

相同的年限投资同样数额的资金，不同的年收益率造成的收益差别究竟有多大呢？我们再来看看一个更一目了然的表格。

年收益率 年龄起点	5％	8％	12％
25 岁	本金的 3.4 倍	本金的 10.8 倍	本金的 95.4 倍

从这个表格里，我们可以清楚地知道在其他条件相同的情况下，不同年收益率的差别对最终收益的具体影响。且不说年收益率 12％ 与 5％ 最终收益的差别，就连差别不大的年收益率 8％ 的最终收益都将是 5％ 的近 3 倍！这些数据有些让人难以置信，但收益率的微小差别造成的差异就是这么巨大！任何微小的收益率差异都会带来投资结果的巨大差异，因为投资产品的收益是以复利形式计算的，并且在投资数额增大的情况下这种差别会更明显。

　　根据 2011 年 12 月中旬的消息，我国社保养老金的年均收益率低于通货膨胀率，这令刚刚步入婚姻、尚无积蓄的程英对未来退休后的生活颇为忧愁。她想，自己和丈夫必须要开始准备养老金了，但是又不知道怎么从捉襟见肘的收入里积攒，也不知道需要存多少才能满足退休后的无忧生活。

　　在一次和朋友的聚会中，她表达了自己的忧虑，并向从事金融行业的朋友咨询，想寻求一种每月投入较少、最终收益较多可以存养老金的投资方式。在被告知有符合需求的业务时，她又发愁资金应该怎样筹到。朋友说："你的第一个苦恼是资金不足，增加资金有几种方法，首先被考虑的就是增加收入或者减少支出，这都是扩大储蓄的方法。但是，通过这种方法加大储蓄额有一定的局限性，由于人们工作时间越来越短，离晚年越来越近，单纯增加储蓄额并不能解决问题。试想一下，如果我们用工作 25 年的收入来供养 30 年的退休生活，那么收入的一半都要存起来才能保证退休后的生活水平与现在一致，但这在实际生活中是不可能的。"

　　看着愁眉苦脸的程英，朋友又说："我们可以把储蓄拿来投资，灵活运用收益率就能解决问题。"程英急不可耐地问："怎么灵活运用收益率呢？""你听说过复利吗？""什么是复利？"

　　"复利是一种计算利息的方式，每经过一个计息期后，都要将所生利息加入本金来计算下期的利息。对业内人士来说，复利具有神奇的魔力。爱因斯坦就曾经说过'宇宙中最强大的力量就是复利'，还说过'20 世纪最伟大的发现就是复利'。虽然很多人都不太重视复利，但是它所具有的力量完全超乎人们的想象！若是以年收益率为 10% 计算 25 年的复利，最后所得收益将是本金的近 11 倍！复利的强大力量，主要来源于'收益率'和'时间'两个因素。所以我们应该尽早开始养老金的投资，虽然投资的年收益率不一定总能达到或者超过 10%，但是即使只有 5% 的收益率，25 年之后也将是本金的 3.4 倍呢。这样一来，养老金的问题就解决了。"

听完朋友这一番讲解，程英心里有底了，她决定要说服老公马上开始为养老金投资，给彼此一个有保障的退休生活。

收益率的微小差别在最初一段时间是不太明显的，但是时间一长，这种差别就是天壤之别了。因为随着收益率的变高，复利效果会呈几何级数增长。也就是说，随着时间的推移，提高收益率将会使资产以令人难以置信的高速度增长，而且增长速度会越来越快。这样一来，微小的收益率差异经过长时间的复利计算，将会造成滚雪球那样的收益差别。

因此，朋友们在进行投资活动时，切不可轻视任何微小的收益率差异，否则收益和财富就会在你的轻视中离你悄然远去。有句俗话说："你不理财，财不理你。"这对投资来说是非常现实的问题，你如果不对投资中的所有事务给予足够的重视，那么投资的收益也将不重视你，投资结果就可想而知了。

女性朋友们要想较为轻松地存够养老金，就要在自己所能承受的风险范围内选取收益率相对较高的投资方式，这样既保证了现在的优质生活，又使退休后的生活幸福无忧。同时，在进行投资时还要注意选取不需要纳税的投资产品，因为理财产品是否要纳税对投资收益有较大的影响，忽视不得。目前，教育储蓄存款、国债、保险、开放式基金、人民币理财、外币理财、信托都是不用纳税的投资产品。

你的眼睛永远不能完全闭上

有的投资者认为，自己选了质量好、风险相对较小的投资产品，也打定主意要做长线投资，那么就没什么可担心的，可以高枕无忧地等着时机到来收获投资成果。面对瞬息万变的投资市场，这种太过天真的投资者可能要大失所望了。那些投资后将眼睛完全闭上，妄图高枕无忧地美美睡上一觉，然后醒来收获投资成果的人们，肯定不知道投资市场与日常生活一样是风险无处不在的。

投资风险是指对未来投资收益的不确定性，在投资中可能会遭受收益损失甚至本金损失的风险，大体上包括购买力风险、财务风险、利率风险、市场风险、变现风险、事件风险等方面。购买力风险主要是指资本社会及经济繁荣的社会，通货膨胀显著，物价上升，货币贬值，金钱购买商品或业务的能力都会渐渐降低；财务风险是指投资者将资金投入某种投资产品后，该产品所属的公司业绩欠佳，派息减少，造成价格下跌；利率风险是指买入的债券价格受银行存款利息影响而遭受损失；市场风险是指投资产品的市场价格因经济、政治和投资者心理因素的影响常常出现波动，因价格下跌而遭受损失；变现风险是指买入的投资产品未能在合理价下卖出，不能收回资金；事件风险是指与财政及大市完全无关的，但事件发生后对投资产品价格有沉重打击。

由此我们可以知道，投资风险几乎是无处不在、随时可能发生的，也是不可避免、难以预料的。因此，投资者需要根据自己的投资目标与风险偏好，选择适合自己的投资工具，并在投资的全过程时刻关注市场形势变化和各方面的信息，以便及时正确应对。例如，分散投资是有效的科学控制风险的方法，也是最普遍的投资方式，将投资在债券、股票、现金等各类投资工具之间进行适当的比例分配，一方面可以降低风险，同时还可以提高回报率。

虽然汪晶只有 4 万元积蓄，但却拿出了 2.5 万元来进行多种投资，其中 1 万元用来炒股，用 5 千元买了开放式基金，用 5 千元换成美元来做外汇宝，还有 5 千元用来收集钱币。她认为自己这样分配投资资金挺完美的，即使有赔有赚，综合起来肯定是赚钱的，所以平常也不怎么用心打理，当然同时进行这么多种投资也真是顾不过来。

近来，汪晶听说银行要推出个人纸黄金投资业务"黄金宝"，她的心又蠢蠢欲动——黄金是保值投资的首选方式，何乐而不为呢？于是，汪晶又毫不犹豫地加入了"黄金宝"的投资者的行列。

但是汪晶有个很大的毛病，她选取投资方式比较随意，很少经过综合考查和慎重考虑，并且无论选取哪种投资方式，她总是把钱投进去就不大管了，只等着想起来才看看行情，觉得还可以就卖出。

可是，一年下来，汪晶的投资成绩远没有她意想中的好，股票亏了，美元贬值，钱币市场价格没什么变化，只有开放式基金赚了钱，可惜又买少了。她觉得这样一来还不如把钱存在银行赚利息，却不想想自己根本没有真正把投资当回事，只是以过于自信的游戏态度来进行买卖，却没有真正将身心投入到投资活动中去。因为她从来都对市场形势和信息不闻不问，等于闭着眼睛投资，怎么可能如愿以偿地赚取可观的利润呢？

投资市场上有太多的变化因素，不可能非常稳定，所以我们选取投资品后要时刻关注市场变化，而不能因为投资品的品质好就认为会稳赚不赔而不去打理，实际上没有任何一款投资品的品质好到可以让我们闭上眼睛的地步。同时，投资市场存在着难以预期的各种风险，市场形势时刻都在发生变化，即使一时正确的投资决策和行为，在市场形势变化的情况下也不见得仍旧正确。因此，我们既要选择多种投资方式分散风险，又要将资金集中在有限的几种优质投资产品上，以免篮子过多照看不过来；同时，在投资时要经常了解市场动向，不断修正自己的投资决策和投资行为，永远不能将眼睛完全闭上。

30年后我们退休养老，如果想过上与现在同一水平的生活，需要不少资金，既不能单纯靠社保，也不能靠儿女帮扶，靠自己最实在也最靠谱。对于想要为未来的美好生活积累资金而投资的朋友们来说，资金的安全性是最重要的，所以在投资的过程中时刻都要保持清醒，永远不能以为万无一失就完全闭上眼睛。我们不但要在投资前审慎地选择合适的投资产品，在持有和出售的过程中也要时刻保持对市场和这款产品的足够了解，以便在保障资金安全的情况下取得最大的利润，为 30 年后的生活积累丰裕的资金。

耐心等待和耐心持有同样重要

生活中有很多人是"短视眼"，投资时倾向于选取现在正处于上升趋势的产品，如果自己投资的产品短时间内没有升值甚至价格下跌，就会迫不及待地忍痛将它出手，以免给自己带来更大的亏损。这些"短视眼"认为自己这样的做法很聪明，能够较好地规避投资风险，还比较容易赚到钱。事实上是这样的吗？答案通常都是否定的。

美国超级基金经理彼得·林奇曾经有过这样一句名言："股票投资和减肥一样，决定最终结果的不是头脑，而是耐心。"对于投资而言，紧盯短期回报实不可取，长期投资才是致胜之道。没有长期持有的恒心毅力，就算再优质的产品，也很难让你获得满意的回报。正如减肥瘦身计划无论多完美，没有长时间的耐心坚持也很容易功亏一篑。

同样的，我们想要在投资中不亏损，并获得最大的收益，甚至赚大钱，就必须耐得住寂寞和庸人的质疑，一定要在可能暴涨的投资品不被人关注的时候买入，并在上涨时能够禁得住诱惑、耐心持有，抓住最恰当的时机卖出；而对于手中下跌的投资品，则要进行冷静理智的分析，根据是否有逆转的可能来区别对待，对于下跌形势极可能逆转的投资品，要做到亏得起，耐心等待逆转形势的到来。

巴菲特的投资理论告诉我们：在最低价格时买进股票，然后就耐心等待。很多知名投资人都有同样的感受——投资要耐得住寂寞。而在正确的投资理念中，良好的心态是相当重要的，耐心等待和耐心持有同样必不可少。正确的投资理念就像是一份精心设计、科学合理的减肥食谱，只有时刻铭记于心，同时又能不懈地坚持，才能最终发挥出它的真正价值。我们只有在投资中抱有良好的心态，才能耐心等待与耐心持有，直到最佳时机的到来，也只有这样，才能获得更大的投资收益，为自己 30 年后的生活积蓄更多的资金。

李丽是个股票玩得不错的人，她爸爸是从 1992 年就开始炒股的老股民，妈妈是个经济盲，几乎对经济术语一窍不通。她全家都炒股，每年年底进行全家盘点时，都是妈妈的收益率最高，李丽排中间，爸爸排名最后。刚开始他们以为纯粹是巧合，但是几年过后全家人都对此非常疑惑，就试图从各方面找出原因。

最后他们找到了原因，因为爸爸是用几十万养老钱在炒股，一下跌就浑身紧张，别人看到的是一个 10% 的跌停板，他看到的却是一年的养老钱没了，晚上总是难受得睡不着觉，心态很不好，因此经常追涨杀跌，虽然选的都是好股票，但是没有一只股票持有期超过 3 个月，一年下来做了比本金数额高 20 倍的交易量，却没能赚到钱。可以说，他输就输在心态上，因为亏不起而不能耐心等待。

李丽选的股票都很好，而且都是质地优良的品种，但由于她得到的信息太多，往往一只股票还没捂热就换了另一只更好的新品种，只要老股票涨了 10% 就很高兴地换成新品种，结果新品种不小心亏掉 5%，回头看老品种却已经又涨了 40%。一年下来，能赚 30% 就不错了。可以说，李丽赢在信息上，也输在信息上，因为信息太多、选择太多而不能耐心持有。

老太太知道自己不懂，也相信老公作为老股民选的一定是好股票，所以每年年初就买老公推荐的股票，平时既不交易也不大看行情，套牢时就不理不睬。往往半年后发现竟然涨了 30% 就出手了，然后就再问问老头儿有没有更好的品种，换一个再捂半年。因为老太太是拿几万块零花钱在炒股，被套得久点也无所谓，就算全赔了也不影响生活。老太太的心理素质不见得厉害，只是这钱亏得起，也等得起，心态自然不会差。

投资者可以分为三种：第一种是真正聪明、客观自信地看待市场的人，第二种是知道自己笨、有选择地做某些事而避免做另一些事的人，第三种是并不聪明却认为自己很聪明、非得去做聪明人才可以做的事的人。第二种投资人就像阿甘，知道自己"笨"，所以不浮躁，定的目标简单又容易实现，投资心态也很好，并且对自己认定的目标比较执著，往往能出人意料地成为成功的投资者。

成功投资的关键是根据自身情况确立适合自己的投资目标，并对正确的目标持续执著地坚持，耐心等待或耐心持有。如果目标总是在变，就等于没有目标。然而，执著与耐心的尺度很难把握，极易陷入冒进或保守的境地，我们在实际操作中可以把握两点：一是看自己当初看好某个投资品是不是通过自己的理智判断得到的，如果是就应该耐心等待或耐心持有，如果是受到外界片面信息的影响而做出的判断，就要慎重地对当初的决策进行审视；二是看自己当初做出判断的基础条件有没有改变，如果没有改变就可以耐心坚持，如果条件改变了就要根据当前的基础条件重新做出判断。

投资如减肥，恒心毅力不可缺。时间对一切都是公平的，长期投资是经得起时间检验的投资法则。投资者不妨以健康瘦身的长久心态来对待手里的投资品，就如通过合理饮食搭配和持久耐力训练打造完美体型那样，在对投资品的耐心等待和耐心持有中不断赢得属于自己的长期投资馈赠，使自己30年后的退休生活幸福无忧。

第四章 进军股市，"财女"炒股有妙方

天摇地动不如"长相厮守"

爱情与投资看似两种毫不相干甚至相互排斥的事物，然而，其实投资很像爱情，天摇地动不如细水长流地长相厮守。投资股票和投资爱情的道理是一样的，要讲究投资收益，要勤做功课，碰到好的对象（绩优股）要长期持有，不要杀进杀出。

做当冲的炒家如果没有内幕消息或者操控市场的能耐，杀进杀出的结果恐怕是丢盔弃甲。股票投资一段时间之后，如果收益还是不敷成本，建议你考虑认赔杀出。好不容易找到的绩优股，当然不应该轻易卖掉。

常听有人把长线投资比作婚姻中的白头偕老。其实细想一下，这个比喻还真的很贴切。只是婚姻中的白头偕老是跟自己的爱人共度一生，而股市中的长线投资是跟自己选定的股票长相厮守。这样做有很多的好处：

1. 交易成本更低

由于股票的买卖是需要交纳手续费的，所以，如果经常买卖股票，交纳的费用就是一笔不小的数目，交易成本就会在无形中增加。

2. 获利更大

长线投资获利会更大，这是因为长线投资利用了复利的魔力。所谓复利也称利上加利，是指一笔投资获得回报之后，再连本带利进行新一轮投资的方法。而复利的关键是时间，投资越久，复利的影响就越大；越早开始投资，你从复利的效果中赚得越多。因此，长线投资能让你得到更多的利润。

长线投资虽然好，但是很多女性投资者却对它存在误解，以为长线投资只要买入一只股票然后长捂不放就好了。其实，长线投资

也是有窍门的。

（1）长线投资绝不是不做调查，随便抓只股票就长线投资。其实，股票的质地是非常重要的，如果对个股的基本面没有充分的分析研究，不管个股是否具有上升潜力，随便抓只股票就长线投资，极有可能没有收获，甚至是负收益。

（2）长线投资不能不闻不问。有些投资者认为长线投资就像银行存款那样，买了股票之后不闻不问，指望闭着眼发大财。这种做法是不对的。

（3）长线投资要有具体的操作计划方案。这些方案的制定，有利于投资者贯彻投资思维，坚定持股信心，并最终取得长线投资的成功。但是，市场中的环境因素是不断发展变化的，我们要根据股价涨升趋势，及时地调整方案和目标，让方案和目标为自己服务，不能被其束缚住手脚。

芳芳是个老股民了，一直坚持长线投资，10年来只炒湘火炬A（000549）这一只股票。1996年开始，湘火炬A便步入长期上升通道，芳芳的资金市值也从当初的十几万元增加到数百万元，她的账面收益在最高时曾经增长了15倍。

然而，天有不测风云，2004年2月湘火炬A开始跳水，从15元多跌到4元多，股价10年的涨幅转瞬之间就被彻底抹去。起初，芳芳舍不得卖，后来又想等股价反弹，直到后来大盘跌穿1200点后她才忍"痛"卖出，虽然最后实际赢利了几万元，但那几百万元的账面收益却付之东流了。

芳芳说："以前，我总认为只要选好股票，坚持长线投资，就可以安稳地赚钱了。现在我才明白，即使是长线投资也是要随行情调整操作方案的。

（4）淡季是长线入市的好时机。成交量的增减与股市行情的枯荣有着相当密切的关系。大凡交易热闹的时期，多属于股市行情的高峰阶段；而交易清淡的时期，则多为股价走势的低潮阶段。

对于短期投资者来讲，只有在交易热闹时介入，才有希望获得短期的差价收益。如果着眼于长期投资，则不宜在交易热闹时期介入。因为在交易热闹的时期，多为股价火爆的高峰阶段，这时介入购股，成本可能偏高，即使所购的股票为业绩优良的绩优股，能够获得不错的股利收益，但由于购股的成本较高，相对的投资报酬率也就下降了。

（5）"牛市"炒股，会买不如会捂。在指数不断攀升的过程中，其实顶部在何处是无法预知的，只要没有确认市场已脱离市场多头状态，就不要抛出股票，并且每一次回落都是宝贵的买入机会，上升就不必去管它。不要以为股价升了很多就可以抛掉股票，在一次真正的强势中股价升了可以再升，以至于升到投资者不敢相信的程度。如果在升势的中间抛出一些获利的股票，除非投资者不再买入或者换股，一般来说都会截掉一段投资者的应得利润。

（6）长线投资终究还是需要卖出的。投资者不要忘记长线投资的根本目的是获利，当股价的上升势头受到阻碍，或市场整体趋势转弱，或者当上市公司的发展速度减缓，逐渐失去原有的投资价值时，投资者应当果断地调整投资组合，减仓卖出。

（7）充分利用"安全边际"来避险。任何一个投资者都无法避免因股市周期处于低谷时带来的亏损，但是充分利用安全边际却可以让投资者将亏损降到最低点。只要能使亏损最小化，投资者就能获得跑赢大盘的报酬率。

像经营爱情一样经营股票

股票与爱情有着很多相似之处。它们一样让人着迷，一样充满了选择和变数。

爱情就像是炙热状态中的股票，牛市时热烈如火，让人充满期待，充满信心，捷报频传，新高不断。而当爱情达到可以定高度的时候，结婚就成了必然的选择，这是情感股票的利好。在利好的刺激下，爱情又一次次飞跃。可是，婚后的柴米油盐酱醋茶的日子使爱情的业绩不断下降，如果处理不好的话，将争吵变成冷战，情感不可避免地步入熊市。这个时候有两条路：一是逐步消化风险，伺机走出低谷，重新拉高情感指数；二是低迷不前，最终"崩盘"于眼前，各奔前程。

经营股票和经营爱情有很多相似之处：股票有涨有跌，犹如爱情有起有落。爱情需要时时滋润，否则会因为冷落而失去增进感情的机会，从而降低甜蜜的程度；股票也需要时常关注和照料，否则就会让你的收益缩水。所以，对女人来说，一定要如同经营爱情一样经营股票，一旦粗心大意，遭殃的就是你的账户。

幽幽算是一个准股民，但她的炒股方式较为被动。由于是一个上班族，幽幽上班时没有多少时间关注股票，下班后她又忙于休闲娱乐应酬等，所以，自从买了几只股票后，已经一年多了，她只是偶尔在网络上留意一下股票的价格，其他的信息很少关注，证券公司更是一趟也没去过。

后来，一个朋友得知她的情况，批评她说："买了股票之后就需要时时关注，你这样做是对自己的股票不负责任。"于是，幽幽到证券公司去了一趟。去了之后才发现，自己已经错过了几次低价配股的机会。同时，股市实行了根据市值配售新股，身边的朋友靠新股配售，年收益达到了 8％ 以上，而她由于信息不灵，无数赚钱的好机会都错过了。幽幽后悔地说："以前只知道炒股是赚取差价，还从没想到它是需要花很多时间和精力去打理的。只有人很好地经营它，它才会给人以回报。"

股票如爱情，需要细心栽培。当你投入的精力多时，在牛市很容易得到丰厚的回报。如果不幸遇到熊市，受重伤的一定也是投入多的人。但是，如果害怕受伤或者懒于经营就将之放在一边不管的话，肯定没有回报。

为了得到更好的回报，要以发展和成熟的思维来对待你的股票。

1. 有备而来

谈恋爱不能草率，同样，股票有风险，入市须谨慎。千万不可以盲目地购买，然后盲目地等待上涨，再盲目地被套牢。

爱情一旦失败，留在你心底的阴影可能会维持很长的一段时间，不是手一甩那么简单。没选到好股，心总会随着股票的下跌而心酸，如果看到它慢慢地转化为垃圾股甚至受到退市警告的个股，希望就变为失望，最后忍痛割肉抛弃之。

无论什么时候，女人在买股票之前都要做好相应的准备。在实施投资计划前，必须注意3个问题：

（1）明确目标。细心了解自己现在的经济状况，包括收入水平、支出的可控制范围，以及你希望在短期（1～2年）、中期（3～5年）或者长期（5年以上）内看到的情况，根据可以判断的条件，定好一个目标。目标一旦定好了，就不要更改。

（2）明确风险底线。女人要记住，任何投资都是有风险的，当遭遇不利时自己愿意接受的蚀本的程度是多少？明确这个目标是为了应对不测风险时做出果断的决策。

（3）学习培养兴趣。对自己投资的项目越了解越好。多留意财经消息，多听专家意见，同时还要学着判断资讯及他人意见，结合自己的情况进行取舍。不要人云亦云，盲目跟风。

2. 耐心等待

当你找到自己的意中人时，想要放弃这份爱情就不是那么容易了。没有发现自己的所爱时，要耐心等待。

同样，手头上有闲余资金时，别轻易去买一只自己都不熟悉的股票，别觉得不投资就没收益就亏本了。买了一只不好的股票就等于你被套住的时间会更长。可以在潜力股掉时将闲钱投到其上，去获取你想要的收益。

3. 一定要设立止损点

经历过爱情的挫折，你会从此懂得了更多的感情规则，学会了及时修补"跳空缺口"，学会让情感的K线图走得更完美，使自己拥有一个长期稳定的情感。凡是炒股出现巨大亏损的女人，都是由于入市的时候没有设立止损点。而设立了止损点就必须认真执行。尤其是刚买进就套牢，如果发现错了，就应该卖出。总而言之，做长线投资的也必须是股价能长期走牛的股票，一旦长期下跌，就必须卖出！

4. 懂得选择，懂得放弃

好的爱情要长期拥有，别只是希望朝朝暮暮。看好的股票长期持有，别不懂得珍惜，赚了点小钱就卖出。

不看好的爱情，别舍不得放手。这种爱情越长久持有越没价值。没潜力的 ST 股，要坚决抛掉，别心痛。因为你可以将你省下后的钱放在好的股票上。

有疑问的时候，也要离场。这是条很容易明白但很不容易做到的规则。很多时候，女性炒股者根本就对股票的走势失去感觉，不知它要往上爬还是朝下跌，也搞不清它处于升势还是跌势。此时，最佳选择就是离场！离场不是说不炒股了，而是别碰这只股票。如果手头有这只股票，卖掉！手头没有，别买！

单恋一枝花，集中投资于一只或几只股票

静子虽然一直说自己投资茅台是个"意外"，不过身边的朋友都觉得，不动声色的她才是真正的投资能手。想当初，在身边朋友的影响下，静子也入了市。但与朋友不同的是，她没有将资金分散到十几只的股票中，而是集中选取了两三只，其中就有茅台。

出于天生的小心，静子始终只炒这两三只股票，她觉得，虽然自己选择的股票不一定是最好的，朋友们选择的股票中肯定有涨势比自己好得多的，但是一旦买的股票太多，自己根本照顾不过来，没有那么多的时间去关注这些股票的走势，判断何时买进何时卖出也会很困难。

有一次，朋友买的一只股票在连续几天内都涨停，朋友的这只股票一下就翻了几番，让静子好生羡慕，几乎动了想买进这只股票的心思了。不过此后这只股票却开始逆向下跌，看着一路下行，静子庆幸自己当时没有追高，而她的朋友却因为手中持股太多没有来得及打理这只股票，以至于在下跌过程中亏损严重。

自此，静子更坚定地只持有少数几支股票，中间可能会有一些股票因持续下跌没有继续持有的必要而换股，但是静子始终保持手中留有两到三只股票，而茅台由于涨势良好而一直持有。

这样的投资法则让静子的收益从最初的几万到现在的几十万，成了一个名副其实的小富婆。

静子的成功就在于她单恋一枝花，始终贯彻"只投资于一只或几只股票"的原则，也即我们通常所说的集中投资。

股神巴菲特说："如果你有 40 个老婆，最后你会发现你对任何一个都不了解。"投资大师彼得·林奇："投资股票就像生小孩一样，如果没有能力抚养，就别生太多。没有人规定你每次投资都得投 5 种以上的股票。"

关于集中投资的好处，有人打过一个很好的比方：在牛市中选肯定会大涨的股票，是 5 只容易还是 20 只容易？同样，在熊市中挑跑赢大盘的股票，是 5 只容易还是 20 只容易？

答案是明确的。手中有只股票好不容易连续大涨，但是只有几百股，总体收益增长如同毛毛雨，被过于分散的投资给摊薄了。

运用"单恋一枝花"持股，会有一种把握全局的感受，俯瞰整个交易的感觉；会使自己放松下来，而整只股票的走势就像你的心情一样，闭上眼睛就可以感觉到是涨还是跌，股市的风吹草动尽在掌握之中。具体感受只有去操作实践才会知道，因为刻意地慢下来就能感觉股票操作最本质的东西——买卖的运用。选股、买卖、盈亏，这些组成了股票操作最基本的技术层面，无一例外都要建立在买卖的基础上，经常听人说某某人股票炒得如何好，赚了很多钱，而要获得更丰厚的利润，依靠的只能是反复买卖。习惯成自然，不自觉地正确操作，达到这种程度就可以随心所欲控制操作，买进卖出，只要心念一动，即可自然控制，要的就是一种条件反射而已。

当然，单恋一枝花也是讲策略的，并不是集中投资于任何股票都能赚钱。我们要学会选择最好的花来"恋"。

1. 集中投资于最优秀的公司

投资于那些最优秀的公司，才能给我们带来稳定丰厚的回报。

但是，什么样的公司才叫优秀的公司呢？一般来说，那些业务清晰易懂、业绩持续优异、由能力非凡并且为股东着想的管理层来经营的公司就是优秀公司。

2. 集中投资于你熟悉的公司

集中投资时，我们必须选择自己熟悉的公司。只有自己熟悉的公司，我们才知道它经营得好不好，能不能为投资者带来回报。如果一个企业很复杂，我们根本就没有足够的聪明才智去预测它的未来走势。对于女性来说，我们最了解的可能是各大商场、各大品牌，譬如沃尔玛、达芙妮，如果你觉得这些商场、这些品牌做得很好，那为什么不持有它们公司的股票呢？

3. 集中投资于风险最小的公司

集中投资告诉我们，质量胜过数量，如果我们将资金集中投资在少数几家财务稳健、具有强大竞争优势并由能力非凡、诚实可信的经理人所管理的公司股票上，一定会有意想不到的收益。

慎重选择股票，如同婚姻

男大当婚，女大当嫁，面对婚姻，不少女孩心里却一片茫然，就像一个持币观望的新新股民。对于婚姻，会有不少亲朋好友帮你牵线搭桥，品头论足，甚至替你定夺。而在股市，会有很多资深股民帮你出谋划策，选择你的第一只股票。

婚姻有 3 种：可恶、可忍、可意。股票也无非有 3 种：赔钱的垃圾股、不温不火的中游股、火热的绩优股。如果你觉得婚姻可意，感到有幸福感，那也是很大的运气。根据专家的统计，认为自己婚姻幸福的不到 10%。如果你有运气碰到一只绩优股，那可要好好庆祝，因为这很不容易。

在生活中，有一种婚姻状态称作可忍。这样的婚姻没有激情，但至少可以忍受，至少能给你安定的感觉，有个停歇的港湾。这样的婚姻不可以轻易放弃，就算是鸡肋也有鸡肋的用处。在股市里，有一些中游股票，不是很火，也不是很差，老股民说，对于它们你要有耐心，不要轻易放弃，那样也许会犯错误。

最难忍受的是可恶的婚姻，你被它折磨着，痛苦着，可是要解脱却很难。你徒有婚姻的形式，却感受不到婚姻的好处，但是一定会有很多力量劝阻你逃离，因为大部分人都有一种幻想：再试试，也许会好的。可实际上，就如一只垃圾股上涨的可能性几乎是零一样，令你觉得可恶的婚姻好起来的可能性也如同花两元钱中个 500 万大奖一样渺茫。

如果你刚好不幸碰到了这样一只垃圾股，一旦发现，早处理早好，越是抱有幻想就越是损失惨重，尽早割肉逃脱是最好的选择。可是，实际上人的弱点决定了总是会被这种股票套牢，因为你总幻想：也许，等等就好了。

股神巴菲特曾经说过一句著名的话："如果一只股票，你不打算持有 10 年以上，那么你就一分钟都不要持有它。"婚姻也一样。如果两个人根本没有共度余生的想法，那就不要结婚。当然，假如你说，我不求天长地久，我就求这一刻开心，那么你说的是另一个问题——你就像那些在股市中进进出出做短线的散户一样，哪怕就是垃圾股，只要它涨得快，你也会赌一把：反正我明天就抛了，只要能赚钱就好。不能说你有什么错，但如果去打听打听，你会发现，赔钱的多数就是这样的散户。有的股民断腕忍痛割肉，从此退出股市，像孑然一身的独身主义者一样，不玩了；有的被迫长期持有，像那些在不快乐的婚姻中挣扎的人，想摆脱又舍不得，可套着又痛苦，只好选择忘却；还有的不停换股，一次次割肉一次次换股，换来换去，他们除非有一天顿悟，否则永远没有合适的。

婚姻关乎终身大事，一定要选择适合自己的老公。股票关乎你的钱包，所以一定要选择绩优股。人生就像是扣扣子，一个扣错个个错，我们在选择股票的时候一定要从一开始就是对的，通常情况下，我们可以选择如下这些相对优质的股票。

1. 能持续获利的股票

持有还是卖出的主要标准是企业是否具有持续获利的能力，而不是其价格上涨或者下跌。持续获利能力可以通过根据报告中的一些项目进行综合分析，具体的公式为：营业利润＋主要被投企业的留存收益－留存收益分配时应缴纳的税款。这样经过汇总后能够得出该企业的实际赢利。这样的方式将会迫使我们思考企业真正的长期远景而不是短期的股价表现，这种长期的思考角度有助于改善其投资绩效。无可否认，就长期而言，投资决策的计分板还是股票市值，但股价将取决于企业未来的获利能力。投资就像是打棒球一样，想要得分，我们必须将注意力集中到球场上，而不是紧盯着计分板。如果企业的获利能力短期发生暂时性变化，但并不影响其长期获利能力，我们应继续长期持有。但如果企业长期获利能力发生根本性变化，我们就应毫无迟疑地卖出。除了企业赢利能力以外，其他因素如宏观经济、利率、分析师评级等，都无关紧要。

2. 安全的股票

无论将资金购买何种股票，如果没有安全系数的保障，非但得不到预期收益，还会有赔本的可能。

股神巴菲特专注于寻找到那些在通常情况下未来 10 年或者 15年、20 年后的企业经营情况是可以预测的企业，因为这些企业具有安全性。

事实上，安全的企业经常是那些现在的经营方式与 5 年前甚至10 年前几乎完全相同的企业。当然，企业总是有机会进一步改善服务、产品线、生产技术等，这些机会一定要好好把握。但是，一家企业如果经常发生重大变化，就可能会因此经常遭受重大失误。

女人炒股四大规则

世界上的女人可分为两种，炒股的和不炒股的。不炒股的正在慢慢减少，而炒股的则越陷越深。股票投资是一种集远见卓识、渊博的专业知识、智慧和实战经验于一体的风险投资。选择股票尤为重要，我们必须仔细分析、独立研判，并着重遵循一些基本原则，如此，才会少走弯路。

面对风云变幻的市场、不确定的世界，女人们在炒股的时候，必须遵循以下 4 大规则，才能将风险降到最低。

1. 利益原则

利益原则是选择股票的首要原则，投资股票就是为了获得某只股票给自己投入的资金带来的长期回报或者短期价差收益。我们必须从这一目标出发，克服个人的地域观念和性格偏好，进行投资品种的选择。无论这只股票属于什么板块、属于什么行业，凡是能够带来丰厚收益的股票就是最佳的投资品种。

2. 现实原则

股票市场变幻莫测。上市公司的情况每年都在发生各种变化，热门股和冷门股的概念也可以因为各种情况出现转换。因此，选择股票主要看投资品种的现实表现，上市公司过去的历史、经营业绩和市场表现只能作为投资参考，而不能作为选择的标准。

3. 短期收益和长期收益兼顾的原则

从取得收益的方式来看，股票上的投资收益有两种：第一种主要是从价格变动中为投资人带来的短期价差收益；另一种是从上市公司和股票市场发展带来的长期投资收益。完全进行短期投机牟取价差收益有可能放过一些具有长期投资价值的品种；相反，如果全部从长期收益角度进行投资，则有可能放过市场上非常有利的投机机会。因此，我们选股的时候应该兼顾这两种投资方式，以便最大限度地增加自己的投资利润。

4. 相对安全原则

股票市场所有的股票都具有一定的风险，要想寻求绝对安全的股票是不现实的。但是，投资人还是可以通过精心选择来回避那些风险太大的投资品种。在没有确切消息的情况下，一般不要参与问题股的炒作，应该选择相对安全的股票作为投资对象，避开有严重问题的上市公司。比如：

（1）有严重诉讼事件纠纷、公司财产被法院查封的上市公司。

（2）连续几年出现严重亏损、债务缠身、资不抵债、即将破产的上市公司。

（3）弄虚作假、编造虚假业绩骗取上市资格、配股、增发的上市公司。

（4）编造虚假中报和年报误导投资人的上市公司。

（5）有严重违规行为、被管理层通报批评的上市公司。

（6）被中国证监会列入摘牌行列的特别转让（PT）公司。

上述公司和一般被特别处理（ST）的上市公司不同，它们不完全是经济效益差，往往有严重的经营和管理方面的问题，投资这些股票有可能受牵连而蒙受经济上的重大损失。

参与炒作 PT 股票的投资人在这些上市公司通过资产重组获得生机之后有可能获得较好的收益。但是，如果这些上市公司在这方面的尝试失败，最终就会被中国证监会摘牌，停止交易，投资人所投入的资金也面临着血本无归的局面。总体上看，这些股票的风险太大，我们对此要有清醒的认识。

聪明女人，被套牢了要会解套

17 年前，水莲大学毕业后进入了一家国企工作，并嫁给了生活并不富裕的叮当。迫于生活压力，在亲戚的劝说鼓动下水莲用结婚的礼金买了 2 万元的股票。

买完之后水莲将股票当成了银行的存折，压在了箱子底，一压就是三四年。到了 1996 年年底的时候，亲戚打电话告诉水莲，股票已经涨到十几块钱了，让水莲赶紧卖。水莲和老公一起翻出了股权证才发现当初他们投的 2 万块已经变成了 30 万，他们在不知不觉中就变成了富翁！

水莲兴奋得一夜没睡，她用一部分钱买了一套大房子和一辆汽车，生活水平一下子实现了大跨越。但是因为缺乏理财的意识，突然有钱就养成了大手大脚花钱的习惯，加上孩子上学、养车和各种花销，使得整个家庭每个月都入不敷出。

水莲又想到了炒股，可那时想买原始股已经是很难的事情了，没有任何炒股经验的水莲只好找朋友打听，但还是经常被套牢，耽误了很多的时间。

1998 年，在和老公叮当商量之后，水莲把钱全部投到了一只新发行的股票上。原以为这次的"消息"会很准，可没想到水莲刚买完那家公司的股票，那家公司就被查出违规操作，股票连续几天都是跌停。

那几天，水莲和老公都不敢在家里提到"股票"两字，一看到电视里播放股票的新闻，都觉得无比难受。

人非圣贤，孰能无过。"马有失蹄，人有失足"，尤其是在中国股市中，从来就没有"常胜不败"的将军。有许多人更是"套牢是长期的，而获利却是短期的"。相信众多投资者介入股市是为了赚钱，而绝非为了品尝"套牢"的滋味。既然股市投资被套是难免的，那么心思细腻的聪明女人们又该如何解套呢？

1. 持股观望

在股市操作中，许多女人一旦套牢就躺倒等待，并自我安慰"这是输时间不输钱"，并将其视作"坚决不割肉"的原则坚持。更有人抬出世界投资大师巴菲特致富的秘诀"坚定长期持有看好的股票"，以此来为被套后等待的行为辩解。如果把时间拉长到 10 年、20 年，甚至更长，则巴菲特提倡的思路肯定没错，因为按照经济学中著名的凯恩斯理论：社会的财富总量总是随着时间的增加而增长，那么股指或股价也将随着社会财富总量的增长而不断水涨船高。但等待这么长的投资时间，对大多数老百姓而言不太实际。关注一下近几年美国证券市场和中国证券市场的表现我们不难发现，成熟市场一般是牛长熊短，但在不成熟市场中却常常是熊长牛短。

但不可否认，在许多情况下，买进股票被套，以持股观望等待解套甚至等候获利的方法是许多交易者无可奈何的选择。需要强调的是，买股被套而被动持股观望是要有条件的。采取这种办法的前提是，整个市场趋于中长线强势市场中，整个社会政治和经济前景在可以预见的将来依然是光明的，整个市场交易仍然活跃，具有众多投资者参加。有这些前提特征的关键就是市场仍处于强势氛围中，只要市场被确认仍然处于强势，那么买股被套持股观望是投资者的首选手段。

2. 倒做差价

一旦股票被套，一般投资者采取的消极办法是"熬着吧，死捂"。但事实证明，当行情趋势是一路缩量下跌的话，用上述办法的效果实在无可取之处。股价跌起来容易，涨起来却难，一只股票跌 50% 以后，再要恢复到原来的价位却需要上涨 100%。有许多股票如果在高位被套后很可能将套牢多年而不能再涨上来。由于深套，许多投资者已经错过了止损的最佳时机，但把它割掉吧，又怕哪天突然上涨，这真是捂也不是，割也不是。

用"倒做差价"却是减少亏损和拯救自己的一个好办法。所谓"倒做差价"，就是在相对高位把套牢的股票抛掉，然后在适当的低位再把它买回来。这个过程的结局是手中的股票没有少，却多出了一块高抛低吸的差价。只要操作适当，多次进行这样的操作可以很顺利地补掉部分亏损，如果后市反弹高度可观的话，甚至可以很顺利地解套出局，这比死捂股票要好得多了。

股谚"上涨时赚钞票，下跌时赚股票"，实际上指的就是倒做差价。

3. 适时换股

股市中能大幅上涨的龙头股数量是很少的，投资者持有的被套个股中恰好出现龙头股的概率也是很小的。如果投资者手中持有的是非主流热点个股，并且经过周密的分析，确认另一只个股有更大的上升机会时，就要及时果断地换股操作。这时，投资者完全可以将手中股票视为一种代码，换股等于是在持有相同股票市值的情况下将股票代码更改了而已，投资者却因此大幅增加了获利和解套的机会。

第五章 养"基"下蛋，基金是女人明智的选择

基金让女人的生活更丰富

珠珠在一家公司做会计，到了28岁的时候，她突然发现身边的朋友一个个都已经结婚生子了，心里开始隐隐慌了起来。

回顾过去，她一直过着随心所欲、无拘无束的自在生活。对此，她并不后悔。但是一想到将来，她又不免茫然起来。她没有积蓄，连个能够谈婚论嫁的男朋友都没有。现在的她只希望能够找到一个合适的男人结婚并过上安定的生活。

于是，她开始频繁地相亲，却失望地发现相亲的对象往往是和自己处境相似的男人。每一个相亲的女人都希望遇到王子，更何况珠珠还抱着结婚的念头，但是现实却使她的希望一再落空。这其实不难理解，介绍人肯定会安排条件差不多的一对男女见面，以免双方的落差太大，成功的概率低。

郁闷的珠珠约死党们出来聚餐解闷，她猛然发现，整桌子的人都在谈论股票和基金。珠珠不解，死党们解释说，女人的智慧不应该只是管理好丈夫的钱包，更应该拓展赚钱的门路，而对于她们这种有工作没有大量时间关注股市的女人而言，基金是一个不错的选择。死党们还列出数据，说在基金持有人中女性占6成。她们的侃侃而谈委实给珠珠上了堂课。

在我们周围的生活中，很多聪明的姐妹们在投资基金上表现出的智慧让人刮目相看。更重要的是，很多女性投基往往和维护美满的家庭生活巧妙地结合在了一起。

除此之外，许多女性基民都普遍认同买了基金有个好处，就

是现在出去跟人家聊天多了个话题，兴高采烈地聊基金很容易拉近人与人之间的距离。谈谈基市现状、未来基市预测，或者谈身边的人赚了多少钱等，这是女性们投资基金以外的另一个乐趣。

那么，基金为什么受女性青睐，基金的魅力到底何在呢？

1. 专业化的管理

基金由专业的经理人来投资运作，通过行家之手，精心选择投资品种，随时调整投资组合，自然可以获得更佳的投资回报。基金管理者对信息的加工、分析能力，也非我们个人投资者所能企及。基金经理、行业分析师对行业、公司的充分了解，既有利于获得一手信息，也有助于其对公司未来赢利的预测，从而在操作中把握先机。

2. 多元化的资产分布，风险相对分散

基金能结合各种不同金融工具的特点，适应市场变化，选择多元化的投资渠道，控制投资风险。对于个人投资者，如果资金不足，只能选择一两种股票，万一运气不好，两种股票都亏了，可能会血本无归，因此个体投资者一般难以做到分散投资，承担的风险相对较大。而基金公司由于它汇集了大量投资者的资金，资金总额非常庞大，可以进行分散投资，通过投资组合来将风险最小化，收益最大化。

3. 起点低

基金的起点很低，低到连学生都买得起——只要 1000 元就可以开户。还可以采用定期定投的方式，每月最低只需 200 元，是最平民化的专业理财项目。而且定期定投可以强迫自己储蓄，避免成为月光族。

不要小看这每个月的 200 元，按照最保守的预计每年 10% 的收益，到退休就可以变成 100 多万，而且采用定投的最大好处就是可以平摊股市起伏带来的风险。

4. 购买方便

基金的购买十分方便，如果不愿意或没有时间去银行排队，只要在家里或者公司里轻点鼠标，和基金捆绑的银行卡中的钱就会直接划到想买的基金账户，非常轻松。而且网上申购的话申购费可以打折，比柜台买要划算得多。

买基金也要"知己知彼"

妙妙阿姨是大连市的一名退休工人，2006 年 11 月的一天，她听熟人介绍说网上有个"金手指基金"相当不错，投 8000 元钱，每天返 400 元钱，相当于得到 300％ 的利。第二天，妙妙阿姨跟随介绍人去了一个教授家。当他们到了的时候，房间里已经有很多人了。有人在电脑上给每一个交钱的投资人起一个网名，再设一个密码。如果交 8000 元，12 小时以后就可以查到自己的回报率。妙妙阿姨在那个房间里看见很多人都拿着成捆的钱，有收益的，也有新投入的。她心动了，当即到银行取了 8000 元钱。从别人那里她还得知这个"金手指"在美国是一个上市的大公司，这就如同吃了一颗定心丸，妙妙阿姨心想，这回可遇上好的投资项目了。回家后，妙妙阿姨到农行办了一张卡，把新卡的账号报到"金手指"的报单中心。报单中心是负责给这些投资人账户打钱的部门。再到银行一查，她的卡里果然存进了 400 元人民币，也就是 50 美元，妙妙阿姨高兴坏了。

2006 年 12 月 9 日，报单中心的人再次联系妙妙阿姨，并和她说，按照"金手指"的规定，如果她再投 2.4 万元人民币的话，80 天能给她 7.2 万元人民币。对于妙妙阿姨来说，这真是一笔不小的收益。有了前一次的成功经验，这一次，妙妙阿姨当天就毫不犹豫地从自己的退休金里取了 2.4 万元给了公司。不仅如此，妙妙阿姨还把这个她认为是难得的基金介绍给了自己的好朋友和女儿。她的好朋友硬是把房子卖掉全部投入，一共十几万，她女儿也投了 7 万多。

2006 年 12 月 14 日这天，离妙妙阿姨第二次投资该基金仅仅

5 天的时间,"美国金手指基金"的网页突然打不开了。妙妙阿姨如梦初醒,立即意识到自己被人骗了,她和女儿一共十多万元钱一夜之间血本无归。女儿背着丈夫把家里的钱拿出来投入这个所谓的基金,现在分文不剩,因为这件事情,夫妻两个也在 2007 年年初办了离婚手续。

近两年基金以其出色的表现成为投资市场的宠儿,很多"基民"的投资之旅比起股民来显得非常滋润。随着广大"基民"的拥护,人们对投资基金充满热情。伴随着基金投资热,一些非法的"黑基金"也应运而生。

俗话说"知己知彼,百战不殆"!女性朋友们要擦亮眼睛,避免上当受骗。另外,我们还要了解自己,了解自己的风险承担能力,了解用于投资的钱大概能放多久,这笔钱在什么时候要做什么用。你可千万别以为这是份简单的工作。

在了解自己之后,我们还要弄明白各种基金有什么特点,有哪些不同。按照一般的分类,基金主要有以下几种类型:

1. 货币基金

货币基金是指投资于货币市场上短期有价证券的一种基金。该基金资产主要投资于短期货币工具,如国库券、商业票据、银行定期存单、政府短期债券、企业债券、同业存款等短期有价证券。

货币基金的安全性好,流动性高,往往被投资人作为银行存款的良好替代物和现金管理的工具,享有"准储蓄"的美誉,而其收益水平通常高出银行存款利息收入 1~2 个百分点,所以又被称之为"高于定期利息的储蓄"。

一般来说,份额越大的货币基金流动性越好。以"南方现金"增利为例,基金份额高达 410 亿份,流动性风险相对较小。由于投资对象的同一性,除了少数几个基金外,大部分的投资收益均不相上下。考虑到货币基金 20% 的融资比例,合理的应在 2.8%~3%。

2. 股票型基金

股票型基金是指以股票为投资对象的投资基金。投资于股票型基金，投资者不仅可以分享各类股票的收益，而且可以通过投资于股票型基金而将风险分散于各类股票上，大大降低了投资风险。

3. 指数型基金

沃伦·巴菲特曾经说过："大部分机构投资者和个人投资者都会发现，拥有股票最好的方法是收取最低费用的指数型基金。投资人遵守这个方法得到的成绩，一定会击败大部分投资专家提供的结果。"

指数型基金是一种以拟合目标指数、跟踪目标指数变化为原则，根据跟踪标的指数样本股构成比例来购买证券的基金品种。与主动型基金相比，指数型基金不主动寻求取得超越市场的表现，而是试图复制指数的表现，追求与跟踪标的误差最小，以期实现与市场同步成长，并获得长期稳定收益。

从指数基金本身的特点来看，产品更加适合于进行长期投资，投资人应在对产品有了充分的了解后进行资产配置。

4. 债券型基金

债券型基金是指以债券为主要投资标的的共同基金。除了债券之外，尚可投资于金融债券、债券附买回、定存、短期票券等，绝大多数以开放式基金形式发行，并采取不分配收益方式，合法节税。目前国内大部分债券型基金属性偏向于收益型债券基金，以获取稳定的利息为主，因此，收益普遍呈现稳定增长。

5. 混合型基金

混合型基金是指投资于股票、债券以及货币市场工具的基金，股票投资可以超过 20％（高的可以达到 95％），债券投资可以超过 40％（极端情况下可以达到 95％）。混合型基金的风险和收益介于股票型基金和债券型基金之间，股票投资的比例小于股票型基金，因此在股票市场牛市来临时，其业绩表现可能不如股票型基金，但是由于仓位调整灵活，在熊市来临时，可以降低及规避风险。

由于混合型基金具备投资的多样性，因此其投资策略也具备灵活性。譬如在股市走牛时，可采取加大股票投资力度以获取更大投资收益；在股市下跌中，则将采取调低股票仓位的方式应对股市下跌。因此，混合型基金尤其适合那些风险承受能力一般，但同时又希望在股市上涨中不至于踏空的投资者。

两年以上用不着的钱才能买基金

女人在买基金前，首先要了解自己资金的特点。如果不是两年之内可以不动用的钱，那么你就不要去投资股票基金。尤其是没有时间弹性和金额弹性的钱，不要用来投资于股票基金，否则，就是投机，就是赌未来市场走势持续向上的可能。

本质上，市场是没有人能够准确预测的。一分钱逼死英雄汉，万一某天需要用钱，你的钱都投入了市场你怎么办？如果此时你的钱还出现投资损失，你该怎么办？所以，两年以上用不着的钱才能用来买基金。买基金的时候，既要考虑买基金的风险，又要备足应急用的钱。

一般情况下，买基金之前，得先问自己 3 个问题：

我有房产吗？

我有余钱投资吗？

我有赚钱能力吗？

投资基金是好是坏，更多的是取决于投资者对于以上这 3 个问题如何回答，这要比投资者在其他的投资类刊物上读到的任何信息都更加重要。

1. 我有房产吗

可能会有人说："买一套房子，那可是一笔大买卖啊！"在进行任何投资之前，应该首先考虑购置房产，因为买房子是一项所有人都能够做得相当不错的投资。

房地产跟基金一样，长期持有一段时间的赚钱可能性最大。人们买卖基金要比买卖房屋便捷得多，卖掉一套房子时要用一辆大货车来搬家，而赎回一只基金只需打一个电话就可以搞定。

2. 我有余钱投资吗

这是投资者在投资之前应该问自己的第二个问题。如果手中有不急用的闲钱，为实现资金的增值或是准备应付将来的支出，都可以委托基金管理公司的专家来理财，既能分享证券市场带来的收益机会，又避免过高的风险和直接投资带来的烦恼，达到轻松投资、事半功倍的效果。

但是，在以下情况下，你最好不要涉足基金市场。

如果你在两三年之内不得不为孩子支付大学学费，那么就不应该把这笔钱用来投资基金。如果你的儿子正在上高三，有机会进入一所好大学，但是你几乎无力承担这笔学费，所以你很想投资一些稳健的基金来多赚一些钱。但是在这种情况下，你即使是购买稳健型基金也太过于冒险而不应考虑。稳健型基金也可能会在 3 年甚至 5 年的时间里一直下跌或者一动也不动，因此如果碰上市场像踩了一块香蕉皮一样突然大跌时，你的正常生活就很可能被打乱。

3. 我有赚钱能力吗

如果你是一位需要靠固定收入来维持生活的老人，或者是一个不想工作只想依靠家庭遗产带来的固定收益来维持生活的年轻女孩，自己没有足够的赚钱能力，你最好还是远离投资市场。有很多种复杂的公式可以计算出应该将个人财产的多大比例投入投资市场，不过这里有一个非常简单的公式：在投资市场的投资资金只能限于你能承受得起的损失数量，即使这笔损失真的发生了，在可以预见的将来也不会对你的日常生活产生任何影响。

像选衣服一样选基金

金金阿姨 50 岁了，可她非常有潮人范儿，不仅打扮得时尚，也乐于接受新事物，经常利用闲余时间学习理财知识，想让自己的小资生活过得更惬意一些。

后来，金金阿姨的女儿考上了中央财经大学，金金阿姨更是经常兴致盎然地跟女儿交流理财心得。后来，随着知识面的拓宽和年龄的增长，加上女儿的学习小组对基金的研究，金金阿姨越来越发现，一个人的运作技巧再高明，不如一个智囊团队的实力强大。在体力、精力、脑力都在走下坡路的情况下，金金阿姨决定将大部分资金投放到基金上来。

然而，基金公司和基金品种甚多，如何做出选择呢？基金的业绩和投资者信赖度是比较重要的指标。一天，女儿拿了一份华夏基金的宣传材料回来，"为信任奉献回报"的口号一下子说到了金金阿姨的心坎里，让她感觉到华夏基金的管理团队非常朴实亲切，但金金阿姨并没有因此就决定购买华夏基金。她和女儿查阅了许多资料，并对好几家基金进行了一系列的业绩比较之后，发现华夏基金的业绩骄人，它的债券基金特别适合自己：风险小，不用整日殚精竭虑，且有稳健的收益。

于是，金金阿姨毫不犹豫地购买了华夏债券基金。2007 年 11 月，距金金阿姨首次购买华夏债券基金已经一年有余，在华夏基金管理有限公司寄来的对账单上，她看到了满意的收益，更让金金阿姨高兴的是，在这一年中，她没有像以往做股票那样牵肠挂肚，剩下的一切都由华夏基金优秀的管理团队进行处理。

女性天生感情细腻、敏感易冲动。金金阿姨认为，女性投基要谨慎小心，不妨像选衣服一样选基金。

1. 精选"品牌"为首要

挑选衣服要看品牌，选择基金也是一个道理。市场上有多少家基金公司就有多少种基金的"品牌",女性投资者在进行投资之前要做好功课,对这些基金公司进行分析研究。

(1)选择整体业绩较好的公司。女性投资者尤其需要注重基金公司的整体业绩,不要只看旗下一只基金的业绩,只有整体业绩优良才能证明投资团队的管理能力。如果是旗下某只基金突出,其他基金一般或者较差的公司,投资者就需要谨慎。

一般来说,好的基金公司有两种。一是规模大、信誉好的"航空母舰",公司实力雄厚、管理机制完善、产品线完备,并且有良好的业绩支撑,这类公司适合愿意承受低风险的稳健型女性投资者。

一种是发展潜力巨大的"潜水艇"式的基金公司,这些公司可能成立时间不长,但业绩不俗,并且管理机制灵活,精英汇集,这适合愿意付出一定风险获取高额收益的女性投资者。

(2)注意公司的历史业绩的好坏。基金公司所管理的规模、成立时间、业内评价以及旗下基金的业绩状况等都是女性投资者应该关注的重点。正如时尚衣物的品牌无法一日打造完成,基金公司的品牌也是在时间的历练下闪闪发光的。

选择好的基金应注重历史业绩表现。同一类型基金中,如果某只基金业绩历来能保持在前1/4,中期业绩能保持在前1/3,短期业绩能保持在前1/2,那么该基金就值得关注。

(3)跟着明星经理走。在国外,买了巴菲特的基金,想不赚钱都难。所以说,明星基金经理的效应很强。在那些业绩出众的明星基金的背后,有一批光环炫目的明星基金经理。而他们头顶上的明星光环正来自于他们所掌管的基金业绩。如易方达50指数基金的基金经理之一马骏有10多年证券从业经验,其管理的基金科讯在2003年的净值增长率为28.88%,在全部54只封闭式基金中名列第八。无疑,具有同类基金管理经验并曾获得良好业绩的基金经理更应为投资者所信赖。

2. "风格" 鲜明看内涵

现代女性买衣服讲求 "风格" 独一无二，选择基金时也可以如此追求个性。许多基金都有其独特的内涵，等待着女性投资者发掘。

关注一只基金最重要的是看该基金的管理人的投资技巧和绝招，有些基金经理稳中求进，进行价值投资；有些基金经理追求超额收益，寻找价值反转型股票；有些基金经理对行业研究深刻而个股时机不准……女性投资者在进行选择前需要鉴别，看清楚每只基金的内涵，寻找最适合自己 "风格" 的基金。

3. 选择投资组合

（1）选择 3～4 只业绩稳定的基金作为你的核心组合。

先选择 3～4 只业绩稳定的基金，此后逐渐增加投资金额，而不是增加核心组合中基金的数目。这样的方法将使你的投资长期处于一种较稳定的状态。

（2）注重业绩的稳定性。

女性投资者可首选费率低廉、基金经理在位时间较长、投资策略易于理解的基金。此外，还应时时关注这些核心组合的业绩是否良好。

（3）投资可多元化。

在核心组合之外，女性投资者可以再买进一些行业基金、新兴市场基金以及大量投资于某类股票或行业的基金，以实现投资多元化并增加整个基金组合的收益。

（4）用分散化投资分散风险。

组合的分散化程度远比基金数目重要。如果持有的基金都是成长型的或是集中投资于某一行业，即使基金数目再多，也难以达到分散风险的目的；相反，一只覆盖整个股票市场的指数型基金可能比多只基金构成的组合更能分散风险。

4. 货比三家省费用

对于一个精明的女性投资者来说，货比三家才是购物的 "王道”，选择基金也是一样。

投资基金要付出一笔不小的费用，如何选择“性价比”最高的基金呢？目前情况下，不少基金公司和银行都推出了基金申购费用的优惠，特别是网上购买基金一般都可以享受到 4～6 折的优惠。

但是不少理财专家表示，不能只因为某只基金的折扣高就投资那只基金，“好货不便宜”的道理，相信女性投资者也不陌生。他们建议，女性投资者可以选择出一些有投资价值的基金后，再比较其费用是否划算。

基金一年只需看 4 次

2007 年 2 月 9 日，对于 22 岁的唐婷婷来说，是一个值得纪念的日子。一年前的这一天，她进行了人生的第一次投资理财——买进了 5 万元的封闭式基金。结果不但赚了钱，并且从此改变了她的财富观。

作为一名电台主持人，唐婷婷在过去的生活中与炒股、买基金……这些“投资理财”活动几乎绝缘。“钱都是存到银行，根本没想过其他！”她说。

但是这种情况在 2006 年 2 月 8 日那一天被彻底改变。那天，她无意中看了《重庆晨报》的一篇名为《封闭式基金有大行情》的文章，之后她的理财心理就发生了变化。

文中说：“目前封闭式基金中，有 18 只折价超过 40%……什么是折价？就是说本来值 100 块的东西，打 7 折、6 折卖。这真是很划算呀！”用最通俗的“商场打折”思维模式，唐婷婷无意中领悟到了基金的投资价值。

在看到报道后的第二天，唐婷婷把一笔到期的 5 万元定期全部取了出来，以每份 0.543 元的价格，托亲戚买了 92000 份普丰基金。到 2007 年 2 月 9 日收盘，该基金每份已涨至 1.43 元，加上期间每份派发了 0.03 元的现金红利，现在婷婷的 5 万元已经变成了 13.43 万元。

总结自己的投基实践，婷婷说："能够赚这么多，主要是因为我确实对基金一窍不通！"因为一窍不通，平时几乎也不看行情，一年来无论该基金如何波动，婷婷都纹丝不动，一直握着没卖。

用闲钱投资，不孤注一掷，再加上长期持有，这样的投资原则是非常可取的。我们大可向美女主持唐婷婷学习，看淡短期指数的波动，做一个快乐的投资人。

当你选定基金公司、选定基金之后，应该给予基金经理更多的信任，让他们去处理和应对股票变化。只要仍有足够值得投资的标的，即便指数下跌，也并非赎回基金的最佳时机；反之，即使指数上涨，如果已经没有可投资的标的，那才是危险的时点。从某种意义上说，投资基金就是看人投资、依趋势投资。

实际上，基金投资者每年只要关注 4 次就足够了。对于市场的波动，净值的变化，投资者最好不要时时跟踪。实际上，离你的基金越近，你的收益长期看高的可能性越小。离所投资的基金远些、心态平和些才能获利更高，如果你能够做到每年只关注自己的基金账户 4 次，长期看反而获得更大收益的可能性是在变大而不是变小。

定投让女人理财更从容

咔咔最近对自己的生活非常不满意，因为除了储蓄之外，她没有任何的投资，小金库自然不太丰盈。

咔咔，就是传说中很典型的拿着高薪的"穷人"。在武汉，咔咔 10 万元的年薪并不算低，但是攒不下钱来。特别是 3 年前，咔咔还贷款 7 万多元买了辆车，每月还款近 2000 元，每月养车 1000 多元。去年，咔咔又在父母的资助下贷款买了一套房，月供

2000 多元。因为新房还没有交付，咔咔不得不在外面租房，每月房租还得 1000 元。

即使每月都不吃不喝，光这些开销就得六七千元。因为工作繁忙，咔咔也没有时间精力进行炒股等投资活动，每月省下的可怜巴巴的几百元工资都丢在工资卡上存活期了。工作 6 年下来，咔咔的所有积蓄居然只有 1 万多元，这让咔咔十分郁闷。

为了让自己不落伍，咔咔咨询了对基金非常熟悉的闺蜜莎莎。莎莎告诉她，可以从最简单的定投开始学习基金理财。

定投，也叫傻瓜理财术，最适合那些没有时间、没有金融专业知识的女孩子。定投就是每隔一段时间以固定的金额投资于同一只开放式基金或者基金组合。

莎莎建议咔咔先向父母借钱还清剩余的 3 万元的车贷，如果可能的话先跟父母同住省下每月 1000 元的房租。此外，咔咔还可以使用公积金偿还月供。这样的话，咔咔每月就可以余出四五千元，她可以选择两到三只股票型、指数型基金进行定投。这样的话，3 年内咔咔的小金库里就可以有 15 万元的人民币了。

听完莎莎的建议，咔咔终于明白莎莎平时的生活为什么这么从容了。莎莎的收入比咔咔低，却能提前进入小富婆的行列，这让咔咔十分惭愧。

当然，并不是每只基金都适合定投，只有选对投资标的，才能带来理想的回报。为此，厚道的莎莎再次向咔咔传授了下面这些定投的小技巧。

1. 最好选股票型基金或者是配置型基金

债券型基金等固定收益工具相对来说不太适合用定投的方式投资，因为投资这类基金的目的是灵活运用资金并赚取固定收益。投资这些基金最好选择市场处于上升趋势的时候，市场在低点时，最适合开始定投。只要看好长线前景，短期处于空头行情的市场最值得定投。

2. 选择有上升趋势的市场

超跌但基本面不错的市场最适合开始定期定额投资，即便目前市场处于低位，只要看好未来长期发展的趋势，就可以考虑开始投资。

3. 选择波动大的基金

一般来说，波动较大的基金比较有机会在净值下跌的阶段累积较多低成本的份额，待市场反弹可以很快获利。而绩效平稳的基金波动小，不容易遇到赎在低点的问题，但是相对平均成本也不会降得太多，获利也相对有限。

4. 根据财务能力调整投资金额

随着就业时间拉长、收入提高，个人或家庭的每月可投资总金额也随之提高。适时提高每月扣款额度也是一个缩短投资期限、提高投资效率的方式。

5. 根据投资期限决定投资对象

定投的时间复利效果分散了股市多空、基金净值起伏的短期风险，只要能遵守长期扣款原则，选择波动幅度较大的基金其实更能提高收益，而且风险较高的基金的长期报酬率应该胜过风险较低的基金。如果较长期的理财目标是 5 年以上至 10 年、20 年，不妨选择净值波动较大的基金，而如果是 5 年内的目标，还是选择绩效较平稳的基金为宜。

6. 达到预设目标后需重新考虑投资组合内容

虽然定投需要长时间才可以显现出最佳效益，但如果投资报酬在预设投资期间内已经达成，那么不妨检视投资组合内容是否需要调整。定投不是每月扣款就可以了，运用简单而弹性的策略就能使你的投资更有效率，早日达成理财目标。

7. 活用各种弹性的投资策略，让定期定额的投资效率提高

可以搭配长、短期理财目标选择不同特色的基金，以定期定额投资共同基金的方式筹措资金。以筹措子女留学基金为例，如果财务目标金额固定，而所需资金若是短期内需要的，那么就必

须提高每月投资额，同时降低投资风险，这以稳健型基金投资为宜；但如果投资期限拉长，投资人每月所需投资金额就可以降低，相应可以将承受的投资风险度提高。适度分配积极型与稳健型基金的投资比重会使投资金额获取更大的收益。

8. 量力而行

定期定额投资一定要做得轻松、没负担。在投资之前最好先分析一下自己的每月收支状况，计算出固定能省下来的闲置资金，3000 元、5000 元都可以。

9. 持之以恒

长期投资是定投积累财富最重要的原则，这种方式最好要持续 3 年以上才能得到好的效果，并且长期投资更能发挥定期定额的复利效果。

10. 掌握解约时机

定投的期限也要因市场情形来决定，比如已经投资了 2 年，市场上升到了非常高的点位，并且分析之后判断行情可能将进入另一个空头循环，那么最好先行解约获利了结。如果你即将面临资金需求时，例如退休年龄将至，就更要开始关注市场状况，决定解约时点。

11. 善用部分解约，适时转换基金

开始定投后，如果临时必须解约赎回或者市场处在高点位置，而自己对后市情况不是很确定，也不必完全解约，可赎回部分份额取得资金。若市场趋势改变，可转换到另一轮上升趋势的市场中继续进行定投。